Matthias Uhlig

Kakteen
& andere Sukkulenten
von A bis Z

- Exotische Vielfalt für Ihr Zuhause
- Pflanzideen für drinnen und draußen

Inhalt

Kakteen auswählen

Die Kakteen im Porträt

Mit Kakteen gestalten

Anhang

Rebutia
senilis

Kakteen auswählen

Kakteen und Sukkulenten werden in großer Auswahl angeboten. Infos über ihre Standortansprüche und Pflegetipps helfen Ihnen, die richtige Auswahl zu treffen, gesunden Wuchs zu fördern und fantastische Blüten zu erhalten.

Was sind Kakteen und Sukkulenten?

Unter Sukkulenten versteht man Pflanzen, die Wasser speichern können. Daher kommt auch ihr Name: *Succus* heißt auf lateinisch Saft. Solche „Saftspeicherpflanzen" haben sich auf allen Erdteilen und in fast allen Pflanzenfamilien voneinander unabhängig, d. h. konvergent (→ Fachbegriffe) entwickelt. Je nachdem, welches Organ als Speicher dient, spricht man von Wurzel-, Stamm- oder Blattsukkulenz.
Bei der Familie der Kakteengewächse (*Cactaceae*) hat sich die Sukkulenz am stärksten herausgebildet.
So halten z. B. die buschigen Vertreter der Gattung *Pereskia* (→ *P. grandifolia*) relativ lange Trockenzeiten aus und speichern Wasser im Stamm. Dieser hat zum Teil die Funktion der Blätter übernommen und enthält Blattgrün, sodass Entwicklung auch im blattlosen Zustand in Trockenzeiten stattfinden kann. Diese Übernahme von Funktionen der Blätter – wie Atmung und Photosynthese – durch die oft blattlose Sprossachse zeichnet übrigens auch die so genannten höhersukkulenten (→ Seite 9), säulen- und kugelförmigen Kakteen bzw. Sukkulenten aus.

Ihre natürlichen Bedürfnisse

Kakteen und andere Sukkulenten kommen in Halbwüsten, Steppen, Savannen und anderen Dürregebieten sowie auf Trockeninseln in ansonsten niederschlagsreichen Gebieten vor. Für diese Trockenbiotope sind sie durch ihre charakteristischen Eigenheiten, insbe-

***Echinopsis* können große Blüten bilden, die Schönheit währt oft nur kurz.**

***Cylindropuntia bigelovii* wird in den USA *Teddy-bear Cholla* genannt.**

sondere die Wasserspeicherung, ideal geschaffen: Sie halten ein Klima mit unregelmäßigen Niederschlägen und langen Trockenphasen aus. Allerdings hat man herausgefunden, dass sie ihr Wachstumsoptimum bei höheren Niederschlägen hätten. Durch ihre geringe Größe und den langsamen Wuchs sind sie jedoch in feuchteren Klimaten der Konkurrenz anderer Pflanzen nicht gewachsen.

Die Kakteengewächse sind – mit Ausnahme von *Rhipsalis baccifera* (→ Seite 145) – ausschließlich auf dem amerikanischen Kontinent verbreitet, alle anderen Sukkulenten kommen dagegen zu 90 % in der Alten Welt vor, wobei die größte Artenvielfalt in Südafrika zu finden ist. Von Madagaskar kommen viele bekannte Sukkulenten, andere von Socotra (Jemen) und den Kanarischen Inseln. Nur wenige findet man dagegen in Asien

(*Orostachys, Hoya*) und Europa, wo die bekanntesten Vertreter der Mauerpfeffer (*Sedum*) und die Hauswurz (*Sempervivum*) sind. In Amerika kommen neben den Kakteen vor allem *Agave, Sedum* sowie *Yucca*-Arten vor. Fast keine ausdauernden Sukkulenten kennt man von Australien, bevor dort Opuntien eingeschleppt wurden und sich zu einer regelrechten Plage ausbreiteten.

Die überall im Mittelmeerraum anzutreffenden Agaven und Feigenkakteen (*Opuntia*) sind übrigens im Mittelalter von Kolumbus und seinen Nachfolgern aus Amerika mitgebracht worden. Im Mittelmeergebiet fühlten sie sich wohl und sind deshalb verwildert. Heute bilden diese Arten an

***Yucca*-Bäume und *Echinocereus triglochidiatus* in Blüte am Naturstandort.**

***Cereus peruvianus*, eine in Südamerika weit verbreitete Art.**

trockenen Hängen und wärmeren Plätzen nicht mehr wegzudenkende Elemente der Vegetation.

Wie wachsen Sukkulenten?

An den Pereskien (→ Seite 136) lässt sich am besten nachvollziehen, wie Sukkulenten wachsen. Stellen Sie sich vor, wie der zu Dornen umgewandelte, blättertragende Spross immer stärker verkürzt wird. Nehmen Sie alle „Pflanzenmasse", das Blattgrün und die Funktionen der Blätter in diesen Spross hinein und lassen Sie ihn wässrig aufquellen: So erhalten Sie einen dicken Säulenkaktus. Wenn Sie diesen nun gedanklich noch weiter stauchen, entsteht letztendlich die Kugelform der so genannnten Hochsukkulenten. Die Kugel hat von allen räumlichen Formen die geringste Oberfläche im Verhältnis zum Volumen. Dies bedeutet einen optimalen Verdunstungsschutz, der in dieser Pflanzengruppe zusätzlich durch einen speziellen Stoffwechsel optimiert wird.

Standort und Pflege

Zwar sind Kaktus und Co. robuste Pflanzen. Einige Grundregeln gilt es dennoch zu beachten.

EXTRATIPP

Auf einen Blick
So gelingt die Pflege Ihrer Kakteen und Sukkulenten garantiert:

- **den Pflanzen viel Licht und direkte Sonne geben,**
- **Kakteenerde (mit hohem mineralischen Anteil) verwenden,**
- **Kakteendünger verwenden (Gebrauchsanweisung beachten),**
- **stehende Nässe vermeiden (überschüssiges Gießwasser ausschütten)**

***Aloe*-Arten können am Fenster im ganzjährig beheizten Zimmer stehen.**

Das rechte Licht

Alle Sukkulenten sind von wenigen Ausnahmen abgesehen sehr lichthungrig. Während der Wachstumszeit sollten sie wenigstens ein paar Stunden am Tag von der Sonne direkt beschienen werden.

➤ Geeignet sind das Fensterbrett, Fensterfronten, Wintergärten oder Gewächshäuser.

➤ Beachten Sie, dass Balkone über Fenstern, davor stehende Bäume oder Gardinen das pflanzenverfügbare Licht beschränken.

➤ Auch Thermoscheiben oder Tönungen im Glas begrenzen die Lichtausbeute.

➤ West- und Ostfenster lassen für einige Stunden direkte Sonne durch, Südfenster mindestens doppelt so lang. Sehr lichtbedürftige Arten sollten also an Südfenstern stehen.

➤ Alle Fensterplätze, deren Lichtausbeute eingeschränkt ist, können Sie mit einem kleinen Trick aber trotzdem für Ihre Kakteen und Sukkulenten nutzen: Durch Begrenzung der Wassergaben können Sie das Wachstum so weit bremsen, dass es dem verminderten Lichtangebot angepasst ist.

Am natürlichen Wuchsort der meisten Sukkulenten – in den Wüsten, Halbwüsten und Savannen – herrschen oft enorme Temperaturschwankungen zwischen Tag und Nacht. Nicht selten fällt die Temperatur innerhalb weniger Stunden um 30 oder 40 °C! Daher können diese Pflanzen auch bei uns an Standorten mit hohen Temperaturschwankungen überleben. Unschattierte Glasfronten heizen sich bei Sonnenschein sehr stark auf – für die meisten Sukkulenten kein Problem.

Substrat auswählen

Die richtige Mischung der Erde entscheidet über eine einfache und erfolgreiche Kultur. Die Erde soll der Pflanze Halt geben, gut zu

Diese Sammlung fühlt sich in spezieller Kakteenerde am wohlsten.

durchwurzeln sein und Strukturstabilität aufweisen. Sie muss Wasser aufnehmen und halten können, auch wenn sie vorher völlig ausgetrocknet war. Außerdem muss gute Erde locker sein und genügend durchlüftete Poren haben, und zwar auch im feuchten Zustand. Nicht zuletzt ist das Puffervermögen der Erde wichtig, denn davon hängt die Nährstoffversorgung ganz erheblich ab: Ausscheidungen der Wurzeln lösen die Nährstoffe aus der Erde. Diese Stoffe versauern aber nach und nach den Boden – ein ganz natürlicher Vorgang. Durch so genannte Puffer, die der Säure entgegenwirken, kann er aber gebremst werden. Als Puffer wirken Komplexe aus Ton und Humus sowie Vermiculit und Zeolith (→ Fachbegriffe).
Eine gute Erdmischung, verbunden mit zusätzlichen Puffern, ist die beste Absicherung gegen ein zu frühes

„Ermüden" der Erde. Für die meisten Sukkulenten geeignet ist die **humos-mineralische Mischung**. Sie besteht aus 60 % einer guten Blumenerde (Einheitserde). Diese hat bereits einen ausreichenden Tonanteil und wird ergänzt mit 20 % Lava oder gebrochenem Blähton und 20 % Bims. Für Stecklingsbewurzelung empfiehlt sich ein Zuschlag von bis zu 50 % Perlite und 20 % Sand. Für einige wenige wurzelempfindliche Arten (→ Porträts) sollten Sie dagegen unbedingt eine **rein mineralische Mischung** verwenden, wie z. B. die folgende:

➤ 40–50 % Lava oder gebrochener Blähton, 30–40 % Bims, 10–20 % scharfer Flusssand, 5 % Ton oder Zeolith (alle Fachwörter → Fachbegriffe).

Mineralische Zugschlagstoffe in Blumenerde ergibt gute Kakteenerde.

➤ Diese Mischung, mit 20 % Perlite, 10 % Vermiculite und 10 % Sand ergänzt, ergibt eine hervorragende Erde für die Aussaat.

Einige Arten wiederum gedeihen am Besten aus einem Mix dieser beiden Mischungen.

Richtig gießen

Fast alle Sukkulenten bilden ein sehr ausgedehntes Wurzelsystem, das flach unter der Oberfläche wächst. In Trockenphasen sterben die Feinwurzeln von Kakteen ab. Nach Niederschlägen bilden sich jedoch sofort wieder neue und nehmen kleinste Spuren Wasser auf. Stammsukkulenten gedeihen vor allem dort, wo ihnen eine geringe Regenmenge zur Verfügung steht, diese aber wenigstens einmal pro Jahr. Die größten und stärksten Exemplare, wie der bis 15 Meter hohe Saguaro (*Carnegiea gigantea*), können sogar mehrere Jahre lang von ihrem Wasserspeicher von bis zu 3000 l zehren. Während dieser Zeit schrumpft naturgemäß das Volumen des Pflanzenkörpers. Durch die Rippenbildung ist das ohne Schaden möglich: Wie beim Balg einer Zieharmonika ziehen

sich die Rippen zusammen. Umgekehrt dehnen sie sich rasch aus und vergrößern so das Volumen, wenn nach Niederschlag das Reservoir wieder aufgefüllt wird.
Für die **Häufigkeit der Wassergaben** gilt die Faustregel: Während der Wachstumszeit von März bis September wird durchdringend gewässert. Nach Abtrocknen der Erde folgt eine Gießpause von 5–7 Tagen, von 1–3 Tagen bei Sukkulenten mit Laubblättern. Erst dann gießt man erneut.
Untersetzer, Schalen oder Übertöpfe können über-

> ***Gymnocalycium* sollte auch im Winter hin und wieder gegossen werden.**

EXTRATIPP

Auf die richtige Körnung kommt es an

Achten Sie insbesondere bei kleinen Töpfen darauf, dass die Erde nicht zu grob ist. Die Wurzeln sollen genügend Kontakt mit der Erde haben, damit sie Feuchtigkeit und Nährstoffe gut aufnehmen können. Optimal ist dafür eine Partikelgröße (die so genannte Körnung) von Feinanteilen mit 1 mm, größere bis 1 cm. Torffasern können länger sein. Für die Aussaat und das Verpflanzen kleiner Sämlinge ist dagegen eine etwas feinere Körnung bis maximal 8 mm vorzuziehen.

Gymnocalycium, Notocactus & Co. gedeihen ganzjährig im Zimmer.

schüssiges Wasser aufnehmen oder zum Bewässern von unten dienen, denn grundsätzlich können Sie sowohl von oben in den Topf als auch von unten in den Untersetzer gießen. Was nicht von Erde und Pflanzen aufgesaugt wird, sollten Sie jedoch unbedingt ausschütten! Stehende Nässe vertragen Sukkulenten nicht, sie reagieren darauf mit Wurzelfäulnis. Wenn Sie geschlossene Gefäße verwenden, schafft ein Trick Sicherheit: Bauen Sie einen **Wasserstandsanzeiger** ein, wie er für die Hydrokultur angeboten wird. Darüber kommt eine Dränageschicht aus Blähton (Hydrokultur-

EXTRATIPP

Die Wasserqualität
Regenwasser ist als Gießwasser ideal, Leitungswasser sollten Sie bis höchstens 18° dH (deutsche Härte) ohne Aufbereitung verwenden. Härteres Wasser muss durch spezielle Dünger, technische oder chemische Maßnahmen aufbereitet werden, denn es erhöht den pH-Wert (→ Fachbegriffe), wodurch Nährstoffe festgelegt werden (→ Seite 16).

Substrat) sowie ein Trennvlies, damit die Erde nicht in die Dränage gespült wird. Erst jetzt werden die Erde eingefüllt und die Pflanzen hineingesetzt. Wenn der Wasserstandsanzeiger ausschlägt, stellen Sie sofort das Wässern ein und legen eine 2- bis 3-wöchige Gießpause ein. Notfalls kann man überschüssiges Wasser über die meisten Wasserstandsanzeiger absaugen. **Hydrokultur** ist übrigens möglich, wenn Sie nur bis zur Minimum-Markierung gießen und nach Wasserstandsabsenkung die oben beschriebene Gießpause einhalten.

Das 1×1 der Sukkulentendüngung

Humus spielt nur eine geringe Rolle bei der Ernährung der Sukkulenten, denn im trocken-heißen Klima ihres Naturstandorts entwickelt sich nur eine sehr spärliche Vegetation, und somit findet auch keine bedeutende Oberbodenbildung statt. Manche Kakteenarten vertragen Humus gar nicht (z. B. *Lophophora williamsii*), denn die sauren Bestandteile des organischen Materials, die Huminsäuren, verätzen ihre Wurzelspitzen. Stattdessen holen Sukkulenten ihre Nährstoffe aus tieferen Bodenschichten: Dort werden sie durch Wasser gelöst und mit dessen Verdunstung an die Oberfläche transportiert. So reichern sich im Oberboden hohe Konzentrationen von Salzen an, die zum Teil der Ernährung der Sukkulenten dienen. Daneben spielen spezielle Mikroorganismen, die es nur in den natürlichen Böden gibt, eine wichtige Rolle bei der Aufnahme der Nährelemente. Leider lassen sich diese bis heute nicht künstlich kultivieren. Entgegen der landläufigen Meinung ist also eine **ausreichende Düngung** mit Mineraldüngern nötig; dies entspricht auch weitgehend den natürlichen Verhältnissen. Mangelerscheinungen treten bei Sukkulenten häu-

***Opuntia* bildet nur bei guter Ernährung auch die optimale Blütenfülle aus.**

fig erst spät auf und lassen sich dann auch nicht rasch beheben. Rechtzeitiges Düngen ist daher wichtig!

➤ Achten Sie außerdem auf einen **pH-Wert** (→ Fachbegriffe) der Erde von 6 bis 7,6. Denn zu saure oder zu alkalische Erde „fixiert" die Nährstoffe, sodass sie von den Pflanzen nicht aufgenommen werden können.

➤ Nach neuesten Erkenntnissen benötigen Kakteen besonders im Frühjahr, blättrige Sukkulenten während der ganzen Wachstumssaison mehr **Stickstoff** als bisher angenommen.

➤ **Flüssiger Kakteendünger** oder Nährsalze zum Auflösen in Wasser sind hervorragend geeignet für die stickstoffarme Grundversorgung ab Juli.

➤ Ergänzend sollten Sie qualitativ **hochwertige Blattpflanzen-Dünger** geben: im Frühjahr abwechselnd mit Kakteendünger für kakteenartige Sukkulenten, insbesondere Jungpflanzen; zusätzlich auch im Sommer für blättrige andere Sukkulenten.

➤ Beginnen Sie mit der Düngung, wenn frisches Wachstum einsetzt oder der Wasserverlust des Winters durch Quellen ausgeglichen ist. Das ist etwa 4–6 Wochen nach dem ersten Überbrausen im Frühjahr.

➤ Ab September stellen Sie die Nährstoffgaben ein.

➤ Sukkulenten wachsen langsam und brauchen daher niedrige Dosierung: Ein Gramm je Liter Wasser bei jedem zweiten Gießen ist ausreichend. Da insbesondere bei Flüssigdüngern unterschiedliche Konzentrationen angeboten werden, sollten Sie sich grundsätzlich nach den Angaben auf der Düngerpackung richten.

Eine Grundversorgung mit Kakteendünger garantiert gesunde Pflanzen.

EXTRATIPP

Winterharte Arten richtig düngen
Geben Sie Ihren winterharten Kakteen und Sukkulenten 2- bis 3-mal von April bis Juni einen mineralischen Volldünger, ca. 20–40 g je Quadratmeter. Dieser wird auf die Erde gestreut und leicht eingearbeitet. Wenn Sie Flüssigdünger vorziehen (besonders für Kübel und Balkonkästen), mischen Sie 10 ml Volldünger mit 10 l Wasser. Düngen Sie monatlich von April bis Juli, dann stellen Sie das Düngen im Freien ein.

Optimal überwintern

Gerade in den Ruhezeiten finden oft wichtige Prozesse statt: Warzenkakteen (*Mammillaria*) und Rebutien z. B. legen jetzt ihre Knospen an. Werden sie jetzt gewässert, kommen sie nicht zur Ruhe – und Sie warten vergeblich auf Blüten. Die Lebenden Steine (*Lithops*) behalten ihren südafrikanischen Lebensrhythmus bei und blühen in unserem Herbst. Ihre Ruhezeit ist dann von Januar bis Ende April, in der ebenfalls enorme Entwicklungsschritte passieren: Zwei neue Blätter werden gebildet, die Älteren trocknen ein. Wässern stört diesen Prozess so sehr, dass häufig das Verfaulen dieser schönen Pflanzen die Folge ist.

Mit Ausnahme der „Winterwachser“ und der Lebenden Steine beginnt die Entwicklung der Sukkulenten im Frühjahr: ab Anfang März am warmen Fenster, oder wenn die Pflanzen aus dem Winterquartier kommen. Durch Überbrausen regen Sie das Wachstum an. Etwa eine Woche später wird kräftiger gewässert, und ab dann gießen Sie nach dem auf Seite 13–14 beschriebenen Rhythmus.

Vielfältiges Angebot

Gartencenter, Blumengeschäfte und Baumärkte bieten Sukkulenten an, auch im Versandhandel sind sie verfügbar, und nicht zuletzt über das Internet zu ersteigern. Verkaufsbörsen, die an vielen Orten in Deutschland stattfinden, sind eine gute Gelegenheit, aus einem

Kaktus & Co. werden oft in preiswerten Sortimenten angeboten.

***Crassula portulacea* blüht erst nach Jahren und einer Trockenruhe.**

großen Sortiment vieler Anbieter auszuwählen. Oft gibt es dort auch Vorträge und Fachinformationen. In spezialisierten Kakteengärtnereien finden Sie jedoch mit Abstand die größte Auswahl an Pflanzen.

Qualität erkennen

Die folgenden Kriterien helfen Ihnen, die Qualität von Kakteen und Sukkulenten beim Einkauf zu beurteilen:

➤ Betrachten Sie die Pflanzen genau: Sie sollen frei von Schädlingen und offensichtlichen Krankheitssymptomen sein.

➤ Ein gesunder Pflanzenkörper ist kompakt gewachsen, kräftig und fest, nicht aufgedunsen und weich. Letzteres lässt auf zu üppige Wassergaben schließen.

➤ Die Sukkulente soll eine dichte, kräftige und satt gefärbte Bedornung haben; die Dornen müssen fest am Körper sitzen.

➤ Bei Blattsukkulenten sollen die Abstände zwischen den Blättern nicht zu groß sein. Große Abstände sind Folge von zu reichlichem Gießen oder Lichtmangel.

➤ Eine holzige oder verkorkte Stammbasis an älteren Pflanzen ist kein Qualitätsmangel, sondern im Gegenteil ein Zeichen angemessenen Wachstums.

➤ Topf oder Schale sind von ausreichender Größe, stehen in einem harmonischen Verhältnis zur Pflanze und geben ihr ausreichend Standfestigkeit.

Gute Qualität muss aber auch erhalten werden. Daher ist der **Kauf im Fachbetrieb** zu empfehlen, in dem Sie Informationen zu Pflege und speziellen Bedingungen erhalten. Je mehr Sie über ihre Neuerwerbung wissen, desto besser können Sie sie pflegen! Und auch wenn später Fragen auftauchen, können Sie im Fachbetrieb mit Beratungsservice rechnen.

Fachbegriffe von A bis Z

➤ Areole
Spezialisierte Achselknospe bzw. gestauchter Kurztrieb. Insbesondere Kakteen bilden diese spezialisierten Achselknospen aus.

➤ Bims
Magmatisches, leichtes, poröses Gestein. Ähnlich → Lava ein Ergussgestein, aber noch stärker gebläht, ist es etwas leichter und luftiger.

➤ Blüteninduktion
Das Anlegen bzw. Ausbilden der Blütenknospen. Sie ist oft abhängig von Umgebungseinflüssen wie Tageslänge (Weihnachtskaktus) oder Entwicklungsruhe (*Mammillaria, Rebutia*).

➤ Bulbille
Umgewandelte Achselknospe, die der vegetativen Vermehrung dient. Es ist eine winzige, gestauchte Pflanze mit deutlich sichtbarem Achsen-, Blatt- und Wurzelabschnitt.

➤ Caudex
Vergrößerte Basis des Stammes oder der Wurzel oder der Übergang von beiden Organen, der der Wasserspeicherung dient.

➤ caudiciform
Die Pflanze hat einen Caudex.

➤ Cephalium

Auch Borstenschopf. Spezialisierter, allein zur Blütenbildung befähigter Teilabschnitt bei Kakteen mit sehr kurzen → Internodien, meist mit dichter Wolle, Haaren oder Borsten und abweichender Rippenarchitektur.

➤ CITES
Convention on International Trade in Endangered Species of wild Fauna and Flora, wurde 1973 in Washington ins Leben gerufen (Washingtoner Artenschutzabkommen). Dieses Übereinkommen über den internationalen Handel mit gefährdeten Arten freilebender Tiere und Pflanzen soll den durch Handelsinteressen bedrohten Bestand wildlebender Arten schützen und dient der Kontrolle und ggf. Regulierung des Handels. Alle Kakteen und alle Sukkulenten der Gattungen *Euphorbia, Pachypodium* und *Aloe* sind darin aufgeführt.

➤ Cristataform
Auch Kammform oder Verbänderung. Durch Mutation entstandene Wachstumsanomalie, bei der oft vielfach gewundene Kämme entstehen.

➤ Cuticula
Auch Kuticula. Eine Schutzschicht, meist wachsartig, die bei Pflanzen der Außenhaut

(→ Epidermis) aufliegt. Sie schützt das pflanzliche Gewebe vor Wasserverlust und erhöht die mechanische Festigkeit des Pflanzenkörpers.

➤ Cyathium
Blütenstand (Scheinblüte) der Wolfsmilchgewächse (*Euphorbiaceae*). Jede Einzelblüte ist eingeschlechtlich, also entweder nur weiblich oder nur männlich, und auf das absolut Notwendigste reduziert: Die weibliche Blüte – immer nur eine einzige in der Mitte des Blütenstands – besteht nur aus einem gestielten Fruchtknoten und dem Griffel. Die männlichen Blüten, im Kranz um die weibliche angeordnet, bestehen jeweils nur aus einem einzigen, gestielten Staubfaden. Blütenblätter fehlen gänzlich.

➤ Cyatophylle
Hochblätter. Was wir bei den → *Cyathien* der Euphorbien für Blütenblätter halten, sind oft gefärbte Hochblätter.

➤ dichotome Verzweigung
Gabelung in zwei symmetrische Triebe, die sich bei der gesamten Pflanze immer wiederholt (z. B. bei den Köcherbäumen).

➤ endemisch
Geographisch nur in einem einzigen, meist kleinen Gebiet verbreitet.

➤ Epidermis
Die äußerste Zellschicht (Haut) eines Pflanzenorgans.

➤ Epiphyt
„Aufsitzerpflanze", d. h. eine Pflanze, die auf einer anderen wächst, ohne an dieser zu parasitieren.

➤ etiolieren
Auch vergeilen. Durch schlechte oder fehlende Belichtung hervorgerufenes, stark gesteigertes Längenwachstum, oftmals bei gleichzeitigem Dünnwerden des Sprosses.

➤ Flusssand, scharfer
Rieselfähiger, sehr feiner Quarzsand.

➤ generative Phase
Phase, die nur der Blütenbildung und damit Fortpflanzung dient. Manche Arten (z. B. *Melocactus*) stellen dann das Wachstum ein.

➤ Glochiden
Mit feinen Wiederhaken versehene, stechende, borstenartige Dornenbildungen, die nur bei der Unterfamilie *Opuntioideae* vorkommen.

➤ Hybride
Ein Individuum, das aus einer Kreuzung zwischen zwei verschiedenen

Arten oder Gattungen entstanden ist. Kommt dies in der Natur ohne menschliches Zutun zustande, spricht man von einer **Naturhybride**.

➤ **Infloreszenz**
Blütenstand

➤ **Infloreszenzdornen**
Blütenstände, besonders bei einigen *Euphorbia*-Arten, die zu dornenartigen Gebilden eintrocknen.

➤ **IOS**
Internationale Organisation für Sukkulentenforschung.

➤ **Internodium**
Abstand zwischen zwei Blattanlagen – d. h. Stellen, an denen Blätter entspringen (= Knoten oder Nodien) – an der Sprossachse einer Pflanze.

➤ **Kindel**
Ableger, die sich an der Mutterpflanze bilden. Sie haben das gleiche Erbgut und dienen der vegetativen Vermehrung. Wenn sie groß genug sind und bereits Wurzeln ausgebildet haben, können sie abgetrennt und neu eingetopft werden.

➤ **Konvergenz**
Ausbildung ähnlicher Merkmale in der äußeren Gestalt bei Pflanzen aus den verschiedensten Verwandtschaftskreisen, also ohne gemeinsame genetische Basis. Man spricht auch von konvergenter Entwicklung.

➤ **Kultivar**
Auch Cultivar. Eine in Kultur erzielte oder ausgelesene, vom Typ abweichende Form.

➤ **Lateralcephalium**
Ein → Cephalium, das nur seitlich am Spross gebildet wird.

➤ **Lava**
Magmatisches (aus dem Erdmantel stammendes), poröses Gestein mit neutraler oder leicht basischer Reaktion.

➤ **monosexuell**
Getrenntgeschlechtlich, auch zweihäusig. Die Pflanzen bilden männliche und weibliche Blüten getrennt und auf verschiedenen Individuen aus, d. h. es gibt rein weibliche und rein männliche Pflanzen.

➤ **monotypisch**
Innerhalb einer Gattung kommt nur eine einzige Art vor.

➤ **Papillen**
Feinste Ausstülpungen der → Epidermis.

➤ **pectinate Bedornung**
Kammartige Bedornung.

➤ **Perlite**
Zuschlagstoff für Erden, aus vulkanischem Gestein durch

Erhitzung auf über 1000 °C expandiert; ist sehr porös und leicht.

➤ pH-Wert
Säuregrad von flüssigen oder festen Substanzen. Ein pH-Wert von 7 ist neutral, Werte zwischen 0 und 7 bedeuten saure, Werte zwischen 7 und 14 alkalische (= basische) Reaktion.

➤ Solitär
Große Einzelpflanze, die man exponiert aufstellt.

➤ Steckling
Geschnittener Sprossteil einer Pflanze, der der vegetativen (ungeschlechtlichen) Vermehrung dient. Er wird in die Erde gesteckt, schlägt dann eigene Wurzeln und entwickelt sich zu einer neuen, selbstständigen Pflanze.
Ein **Kopfsteckling** ist die Triebspitze eines Sprosses, ein **Stammsteckling** ein Teilstück eines Sprosses ohne Endknospe, ein **Blattsteckling** besteht nur aus dem Blatt einer Pflanze.

➤ Synonym
Anderer, aber ebenfalls gültiger Name für eine Pflanze, abgekürzt: syn. Neuere Forschungserkenntnisse über die verwandtschaftlichen Beziehungen führen bisweilen zu einer Umstellung der Gattungen und Arten. Häufig bleiben dann die älteren Synonyme noch lange in Gebrauch, obwohl sie streng botanisch nicht mehr korrekt sind.

➤ Variegata-Form
Bezeichnung für panaschierte Pflanzen, d. h. durch mehr oder weniger Vorhandensein von Chlorophyll in der → Epidermis wechseln gelbliche oder weißliche Flächen mit grüneren ab.

➤ vegetative Phase
Jugendphase mancher Arten (z. B. *Melocactus*), in der sie nur wachsen, aber keine Blüten bilden.

➤ Vermiculit
Durch Erhitzung expandiertes Tonmineral.

➤ Verzweigungstypen
Man unterscheidet **basitone** Verzweigung, die an der Basis der Pflanzen ansetzt, **mesotone**, die sich aus der Mitte der Triebe entwickelt, und **akrotone**, bei der sich die Triebspitze verzweigt.

➤ Zeolith
Eine spezielle Lava mit sehr hohem Puffervermögen.

Die Kakteen im Porträt

Hier finden Sie Pflegetipps und Infos zu den 200 beliebtesten Arten von Kakteen und anderen Sukkulenten, unterteilt in die beiden großen Gruppen: Familie der Kakteen und andere Sukkulenten aus vielen weiteren Familien.

Erläuterung der Porträts

Sämtliche Porträts sind auf die gleiche Weise strukturiert. Bisweilen entfallen einzelne Rubriken, wenn sie für die jeweiligen Pflanzen ohne Bedeutung sind, z. B. entfällt die Rubrik „Name", wenn es keinen deutschen Namen bzw. keine nennenswerten Synonyme (→ Fachbegriffe) gibt.
Die Porträts sind nach den botanischen Pflanzennamen alphabetisch sortiert. Handelt es sich um eine Kulturform, wird der Sortenname in einfachen Anführungsstrichen genannt; gibt es vielerlei Zuchtformen, folgt der Zusatz „-Hybriden".

Die Pflanzenporträts

Neben den Fotos dienen Ihnen zur schnelleren Orientierung die Symbolleiste (→ rechts) sowie die Kurzrubriken „Größe" und „Blütezeit". Bei der Größe wurde in der Regel die erreichbare Größe in Topfkultur angegeben. Weicht diese von der maximalen Größe ab, die die Pflanze in der Natur erreichen kann, dann ist dies unter der Rubrik „Aussehen" zusätzlich vermerkt.
Da die Blütezeit stark von äußeren Bedingungen abhängt, kann sie zum Teil nicht auf den Monat genau angegeben werden. Aber auch die Monatsangaben können in der Praxis abweichen, da induzierte (angelegte) Blüten oft erst dann zur Entwicklung kommen, wenn die Bedingungen geeignet sind. Unterschiedliche Überwinterungsmethoden oder verschiedene Temperaturen können beispielsweise erhebliche Abweichungen verursachen.
In folgenden Rubriken erfahren Sie alles Wissenswerte zu den Pflanzen:
Namen: Hier steht die deutsche Bezeichnung, soweit es eine solche gibt; außerdem Synonyme, d. h. andere (in der Regel ältere), gleichberechtigt gültige botanische Namen (syn.) sowie ggf. der heute wissenschaftlich anerkannte botanische Name, wenn in der Überschrift das gebräuchlichere Synonym verwendet wird.
Familie: Deutscher und botanischer Familienname.
Herkunft: Ursprünglicher Lebensraum und geographische Heimatgebiete.
Aussehen: Hier finden Sie die Beschreibung der Blüte und der Wuchsform.

Standort: Angaben zu Licht- und Temperaturbedarf, auch für das Überwintern der Pflanzen.
Pflege: Hier finden Sie Angaben zum Substrat (wenn abweichend vom Standard), zum Gießen sowie zu Vermehrungsmethoden.
Verwendung: Eignung für bestimmte Standorte oder Gestaltungsvorschläge.
Besonderheiten: Angaben zur Ethnobotanik, Ungewöhnliches zur Erscheinung, Wissenswertes etc.
Verwandte: Hinweise auf weitere als im Haupttext beschriebene interessante Arten, Varietäten bzw. Formen oder Sorten.

Die verwendeten Symbole

Für Anfänger geeignet, da besonders pflegeleicht (Standortansprüche und Pflegeanweisung beachten).

Die Pflanze will in der vollen Sonne stehen, am Südfenster ohne Beschattung.

Die Pflanze will halbsonnig stehen, d. h. wenigstens 2 Stunden direkte Sonne sind wünschenswert, z. B. am Ost- oder Westfenster.

Die Pflanze will hell stehen, d. h. direkte Sonne ist nicht nötig, ein Nordfenster ist möglich.

Während der frostfreien Periode kann diese Pflanze im Freien aufgestellt werden.

Die Pflanze ist geeignet für die ganzjährige Pflege bei Zimmertemperatur.

Für diese klassische Pflanze ist eine kühle, trockene Winterruhe erforderlich.

Outdoorgeeignete, d. h. winterharte Pflanze für die Pflege im Garten.

Geeignet für Ampeln und Hängekörbe.

Die Blüten haben einen bemerkenswerten Duft.

Kakteen

von A bis Z

Kakteen bestechen mit einer unglaublichen Vielfalt an Formen und Farben sowie durch ihre charakteristische Genügsamkeit. Viele sind ideale Fensterbrettpflanzen, andere brauchen wiederum etwas mehr Aufmerksamkeit. Wenig bekannt sind die winterharten Arten, die problemlos in jedem Garten, auf Balkon oder Terrasse gehalten werden können.

Größe: *wenige Millimeter*
Blütezeit: *Sept. – Okt.*

Ariocarpus kotschoubeyanus

Namen: Wollfrucht, syn. *Anhalonium*, syn. *Roseocactus*
Familie: Kakteengewächse (*Cactaceae*)
Herkunft: lehmige Ebenen Mexikos
Aussehen: Blüten meist magenta, seltener weiß, 1,5–2,5 cm Durchmesser; Körper ragt kaum über die Bodenoberfläche hinaus, ist abgeflacht und in der Mitte niedergedrückt; dunkelolivgrün; auf den eigenartigen Warzen befindet sich eine Wollfurche; die Wurzel ist zur kurzen Rübe verdickt; wächst sehr langsam; erst nach 5–6 Jahren mit 3–4 cm blühfähig
Standort: sehr sonnig und warm im Sommer; verträgt in der Winterruhe 4–8 °C
Pflege: Man verwendet rein mineralische, gut wasserdurchlässige Erdmischungen unter Zugabe von strukturstabilem Ton und natürlichem Gips (kein Baugips!). Im Frühjahr wird mäßig gegossen, im Herbst einmal pro Woche kräftig.
Verwendung: bemerkenswerte Art für das Gewächshaus oder Fensterbrett des geduldigen Liebhabers
Besonderheiten: Die Ureinwohner nutzen den aus dem Pflanzenkörper ausgepressten Saft medizinisch.

Größe:
10–12 cm
Blütezeit:
Herbst

Ariocarpus retusus

Name: Mehlbeerfrucht-Kaktus
Familie: Kakteengewächse (*Cactaceae*)
Herkunft: Mexiko (Coahuila, Nuevo León bis San Luis Potosí) in der *chihuahuan desert vegetation*
Aussehen: blassrosa bis weiße Blüten mit hellen Narben; Körper abgeflacht kugelig, erreicht in der Natur bis 30 cm im Durchmesser; Warzen meist mit wolliger Spitze; bildet eine dicke Rübenwurzel; wächst sehr langsam
Standort: am sonnigen Fenster im Haus oder Gewächshaus
Pflege: sehr durchlässige, rein mineralische Erde verwenden; im Sommer trocken, im Frühjahr sparsam, im September und Oktober kräftig wässern; Vermehrung durch Samen
Verwendung: für den geduldigen Liebhaber
Besonderheiten: Inhaltsstoffe (Alkaloide) sollen berauschende Wirkung haben, ähnlich dem Peyotl (→ Seite 101); von Ureinwohnern bei Erntedank-Zeremonien genutzt
Verwandte: *A. agavoides, A. bravoanus, A. fissuratus, A. scaphirostris*, alle mit dunkelrosa Blüten, sowie die Unterart *A. trigonus* mit gelben oder cremefarbenen Blüten

Größe:
30–120 cm
Blütezeit:
Sommer

Arrojadoa dinae

Name: Arrojudo-Kaktus
Familie: Kakteengewächse (*Cactaceae*)
Herkunft: Brasilien (in der als Catinga bezeichneten Landschaft des Bundesstaates Bahia und Minas Gerais)
Aussehen: Aus dem jährlich erscheinenden Borstenschopf am Triebende öffnen sich wachsartig wirkende, zweifarbige Blüten oft zu mehreren. Sie sind innen gelb und außen rot gefärbt. Die schlanken Säulen verzweigen sich buschartig.
Standort: gut geeignet für die ganzjährige Zimmerkultur an einem sonnigen oder sehr hellen Fenster
Pflege: *Arrojadoa* gehört zu den brasilianischen Kakteen, die auf keinen Fall unter 12 °C gehalten werden dürfen; Vermehrung durch Samen oder Stecklinge
Verwendung: zusammen mit *Gymnocalycium, Melocactus, Notocactus* und *Parodia* ideal für das warme Fensterbrett
Besonderheiten: Nur bei dieser Gattung wächst aus dem Borstenschopf (Cephalium) nach der Blüte wieder ein vegetativer Spross heraus; bei Melokakteen und Discokakteen ist mit Bildung des Cephaliums das Wachstum abgeschlossen.

Größe:
6–10 cm
Blütezeit:
Juli – Sept.

Astrophytum asterias

Name: Seeigelkaktus
Familie: Kakteengewächse (*Cactaceae*)
Herkunft: Nordamerika (südliches Texas) und Mexiko in den Provinzen Nuevo León und Tamaulipas
Aussehen: Blüten gelb mit rotem Schlund, 3–5 cm groß; der flachkugelige Körper erinnert an einen versteinerten Seeigel, daher sein Name; meist mit 8 flachen Rippen, die mit vielen kleinen Haarpolstern übersäht sind; Dornen fehlen ganz; wächst sehr langsam
Standort: sonniges Fensterbrett oder Glashaus; im Sommer sehr warm, im Winter völlig trocken bei 5–8 °C
Pflege: unbedingt rein mineralische Substratmischungen verwenden, jede Art von Humus vermeiden, verträgt Kalk; Vermehrung durch Samen; Pfropfen fördert das Wachstum
Verwendung: aparte Pflanze, die als Einzelstück im Topf auf jeder Fensterbank des geduldigen Liebhabers Platz findet
Besonderheiten: In den USA wie in Mexiko wurden die Naturbestände stark dezimiert, daher ist die Art nach dem Washingtoner Artenschutzabkommen streng geschützt.

Größe:
6–10 cm
Blütezeit:
Juni – Aug.

Astrophytum asterias 'Super Kabuto'

Name: Japanischer Seeigelkaktus
Familie: Kakteengewächse (*Cactaceae*)
Herkunft: Kultivar; vermutlich eine spontan aufgetretene Mutation von *A. asterias,* die züchterisch verbessert wurde
Aussehen: gelbe Blüten mit rotem Schlund; dicke, weiße Flocken umhüllen den flachkugeligen Pflanzenkörper; die Rippen sind niedrig abgeflacht
Standort: sonnige, warme Fenster; nicht unter 15 °C
Pflege: rein mineralische Erde ohne jeden Humusanteil verwenden; alle 1–2 Wochen kräftig gießen, im Winter relativ trocken halten; Vermehrung durch Samen
Verwendung: begehrte kleine Perle für den geduldigen Liebhaber am Fensterbrett, im Gewächshaus oder Wintergarten
Besonderheiten: Die Zahl der Zuchtformen von Astrophyten wächst, viele werden wegen empfindlicher Wurzeln veredelt.
Verwandte: Ähnliche Spezialitäten sind z. B. die dicht beflockte „Onzuka“, ein Sport (= Unterform einer Sorte) von *A. myriostigma,* „Huboki“, eine stark sprossende Miniaturform von *A. columnare* und „Lotusland“ mit warzenartigen Areolen.

Größe:
10–25 cm
Blütezeit:
Juni – Aug.

Astrophytum capricorne

Familie: Kakteengewächse (*Cactaceae*)
Herkunft: Norden von Mexiko (Coahuila, Nuevo León, San Luis Potosí), in der Chihuahua-Wüste weit verbreitet
Aussehen: schwach duftende gelbe Blüten mit rotem Schlund; wächst kugelig, später länglich, bis 25 cm hoch und 15 cm im Durchmesser; mit scharfkantigen Rippen und dichter, langer, verdreht gewundener Bedornung
Standort: der am besten mit Sonne versorgte Fensterplatz; im Winter nicht unter 10 °C
Pflege: stark mineralische Erde verwenden; im Winter ganz trocken lassen; Vermehrung durch Samen
Verwendung: kleinwüchsiger, dankbarer Blüher für das warme Fensterbrett, für Wintergarten oder Gewächshaus
Verwandte: *A. capricorne* fa. *aureum* (goldgelbe Dornen), *A. c.* ssp. *senile* (lange, rotbraune bis braun-schwarze Dornen); *A. c.* fa. *niveum* (viele weiße Flocken); die kleinwüchsigen bzw. großwüchsigen Formen *A. c.* fa. *minor* und *A. c.* var. *major*; *A. c.* var. *crassispinum* (wenige, derbe Dornen); das Kultivar *A. capricone* cv. *crassispinoides* mit gelbem Schlund

Größe:
15–20 cm
Blütezeit:
Mai – Okt.

Astrophytum myriostigma

Name: Bischofsmütze
Familie: Kakteengewächse (*Cactaceae*)
Herkunft: warme Steppen Zentralmexikos bis ins nördliche Hochland, vorwiegend *chihuahuan desert vegetation*
Aussehen: gelbe, seidig glänzende, 4–6 cm lange Blüten mit rotem Schlund; kugeliger Wuchs, später verlängert; sehr alte Pflanzen werden bis zu 40 cm hoch
Standort: im Sommer am warmen, sonnigen Fenster, nur bei Regenschutz im Freien möglich; im Winter nicht unter 8 °C
Pflege: rein mineralische Erde ohne Humusanteile verwenden; im Hochsommer sehr vorsichtig gießen, im Winter ganz trocken halten, im Frühjahr und Herbst mäßig wässern; Vermehrung durch Samen
Verwendung: schöne Kombinationen ergeben sich mit *Coryphantha, Pilosocereus* und *Stenocactus*
Besonderheiten: mit Wollflöckchen übersäte Oberhaut, die nur wenigen Varietäten fehlt
Verwandte: *A. myriostigma* var. *coahuilense* ist noch dichter beflockt und wächst noch wesentlich langsamer

Größe:
30–100 cm
Blütezeit:
Juni – Aug.

Astrophytum ornatum ✿

Familie: Kakteengewächse (*Cactaceae*)
Herkunft: Zentralmexiko (Guanajuato, Querétaro, Hidalgo und San Luis Potosí)
Aussehen: Blüten leuchtend gelb, 7–8 cm groß; Pflanzenkörper anfangs kugelig, später zylindrisch, bis 30 cm Durchmesser; 8 scharfe Rippen mit derben gelblichen Dornen, die später vergrauen
Standort: sonnige Fenster, im Sommer auch im Freien, in der Winterruhe kann die Temperatur bis 5 °C fallen
Pflege: unempfindlichste und wüchsigste *Astrophytum*-Art; im Sommer kräftig wässern; Vermehrung durch Samen
Verwendung: dekorative Pflanze für das Fenster im Wohnraum wie auch für Wintergarten oder Büro
Besonderheiten: Die Beflockung bei dieser Art kann mehr oder weniger intensiv sein. Sie kann in Streifen oder Mustern auftreten oder sogar ganz fehlen.
Verwandte: Eine kompaktere und dickere Form wird *A. ornatum* var. *mirbelii* genannt, mit *A. ornatum* var. *glabrescens* bezeichnet man wenig beflockte Exemplare.

Größe:
bis 10 cm
Blütezeit:
Sommer

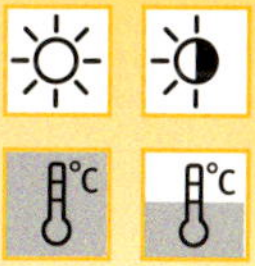

Aztekium hintonii

Familie: Kakteengewächse (*Cactaceae*)
Herkunft: Mexiko (zentrales und südliches Nuevo León) auf Gipsfelsen
Aussehen: bis 3 cm große, magentafarbene Blüten; Körper flachkugelig, trüb graugrün, mit 10–15 scharfkantigen Rippen, die zahlreiche feine, quer verlaufende Rippchen auf ihren Flanken haben; weißwollig auf den Rippen und im Scheitel
Standort: sonnige und warme Fensterplätze, aber vor praller Sonne schützen; im Winter kühl bis 8 °C möglich
Pflege: durchlässiges, rein mineralisches Substrat verwenden; auf genügend Feuchtigkeit achten, im Winter nur bei Sonne wenig Feuchtigkeit geben; Vermehrung durch Samen
Verwendung: eine kleine Perle für jeden geduldigen Kakteenliebhaber, zusammen mit *Ariocarpus, Astrophytum, Pelecyphora* und *Turbinicarpus*
Besonderheiten: akut bedroht, aber nicht streng geschützt
Verwandte: Die zweite Art der Gattung, *A. ritteri*, ist ebenfalls sehr langsamwüchsig und wurde von CITES wegen ihrer akuten Bedrohung streng unter Schutz gestellt.

Größe:
100–150 cm
Blütezeit:
Sommer

Browningia hertlingiana

Name: syn. *Azurocereus hertlingianus*
Familie: Kakteengewächse (*Cactaceae*)
Herkunft: Peru (Mantarotal und Tal des Río Apurímac)
Aussehen: Blüten erscheinen erst bei älteren Pflanzen, weiß, schiefsaumig, bis 5 cm groß; als Zimmerpflanze dicke, einstämmige Säulen bildend; in der Natur im hohen Alter baumförmig und bis 8 m hoch; sehr langsam wachsend
Standort: sonnige Fenster, aber Überhitzung direkt hinter der Scheibe vermeiden, da sonst die Wachsschicht schmilzt und die Pflanzenhaut (Epidermis) grün wird; kann bei Zimmertemperatur oder kühl ab 5 °C überwintert werden
Pflege: nur bei warmem Winterstand selten und sehr sparsam gießen; Achtung, keine ölhaltigen Pflanzenschutzmittel verwenden, da diese die Struktur der Cuticula und damit die Farbe zerstören; Vermehrung durch Aussaat
Verwendung: durch ihre bläuliche Farbe sehr beliebter Kontrast am Fensterbrett; größere Pflanzen zur Raumgestaltung
Besonderheiten: Die blaue Farbe entsteht durch Lichtbrechung an der strukturierten Wachsschicht der Epidermis.

Größe:
300–600 cm
Blütezeit:
Frühjahr

Carnegiea gigantea ✲

Namen: Saguaro, Kandelaberkaktus, auch Riesenkaktus
Familie: Kakteengewächse (*Cactaceae*)
Herkunft: Nordamerika (Arizona, Kalifornien), Mexiko (Sonora)
Aussehen: in der Natur bis 16 m große und 8 t schwere Bäume, die säulenförmigen, bis 75 cm dicken Stämme verzweigen sich weit oben; Blüten weiß, erst nach 90 Jahren
Standort: sonniges Fenster, im Sommer auch im Freien
Pflege: Die natürliche Verbreitungsgrenze dieser Art ist die Frostgrenze. Überwinterung trocken bei 4–8 °C oder, mit geringen Wassergaben, auch im beheizten Zimmer möglich.
Verwendung: Schon als kleine Pflanze dicke Säulen bildend, passt der Saguaro zu großen Kugelkakteen wie *Ferocactus.*
Besonderheiten: Wappenpflanze von Arizona; soll bis 300 Jahre alt werden (erste Seitentriebe erst nach 75 Jahren); vielfältige Nutzung von Früchten, Samen, Holz durch die Ureinwohner; bis heute wird Wein aus den Früchten gewonnen, der eine wichtige Rolle in der Regenmacher-Zeremonie spielt
Verwandte: monotypisch, d. h. Gattung mit nur einer Art

Größe:
300–600 cm
Blütezeit:
ganzjährig

Cephalocereus senilis

Name: Greisenhaupt
Familie: Kakteengewächse (*Cactaceae*)
Herkunft: Mexiko (Hidalgo, Guanajuato)
Aussehen: gelblich rosa Blüten erscheinen aus einem seitlichen Borstenschopf, der sich erst an Jahrzehnte alten Pflanzen bildet; Sprosse werden bis 30 cm dick, verzweigen sich erst in hohem Alter an der Basis; in der Natur bis 15 m hoch; lange, grau-weiße, borstig-haarige Randdornen
Standort: am sonnigen Fenster; nicht im Freien, um ein Verschmutzen der Haare zu verhindern; nicht unter 6 °C
Pflege: rein mineralische Erde verwenden, die gute Durchlüftung und Wasserabzug gewährleistet; nässeempfindlich, daher nur sparsam, von unten und nie bei kühler Witterung wässern; im August und im Winter trocken halten wegen Wachstumsruhe; Vermehrung durch Samen
Verwendung: attraktive Pflanze, die mit ihren weißen Haaren zu anderen Arten einen willkommenen Kontrast bildet
Verwandte: sehr selten in Kultur sind *C. apicicephalium*, *C. columna-trajani*, *C. nizandensis*, *C. totolapensis*

Größe:
bis 10 m
Blütezeit:
Sommer

Cereus peruvianus

Name: heute auch (wenig bekannt) als *C. hildmannianus*
Familie: Kakteengewächse (*Cactaceae*)
Herkunft: nicht, wie man vermuten könnte, Peru, sondern Brasilien; von dort aus durch den Menschen weit verbreitet
Aussehen: gelbliche bis weiße, große Blüten, öffnen sich erst abends; baumförmiger Wuchs; in Kultur wüchsige, kaum verzweigte Säulen von attraktiver bläulich grüner Farbe
Standort: für Fensterbrett, große Glasfronten sowie Wintergärten geeignet
Pflege: bei warmer Überwinterung selten und mäßig gießen, bei kühler überhaupt nicht; zu hohe Pflanzen stutzt man von April bis Juni; Vermehrung durch Samen oder Stecklinge
Verwendung: wüchsige, farblich interessante Erscheinung
Besonderheiten: soll Elektrosmog verhindern; zur Regeneration bei dunklem Stand (z. B. neben Bildschirm) 14-tägig mit zweitem Exemplar am Fensterbrett tauschen
Verwandte: *C. aethiops, C. jamacaru, C. (Monvillea) spegazzinii* (alle mit großen weißen Blüten); der bekannte „Felsenkaktus“ ist eine monströse Form des *C. peruvianus*

Größe:
60–100 cm
Blütezeit:
Frühjahr – Spätsommer

Cleistocactus horstii

Name: botanisch *Cleistocactus baumannii* ssp. *horstii*
Familie: Kakteengewächse (*Cactaceae*)
Herkunft: südwestliches Brasilien (Mato Grosso, Mato Grosso do Sul)
Aussehen: Blüten orangerot, stark schiefsaumig, erscheinen schon an 20–30 cm großen Pflanzen; werden in der Natur von Kolibris bestäubt; schlanker Wuchs, vom Grund weg sich verzweigende Säulen mit feiner Bedornung
Standort: sonniges oder halbsonniges Fenster; kühl oder warm überwintern; Sommerstand im Freien möglich
Pflege: bei kühler Überwinterung vollständig trocken, bei warmer Überwinterung selten mäßig wässern; Vermehrung durch Samen oder Stecklinge
Verwendung: schön zu *Echinopsis, Ferocactus, Mammillaria, Matucana* und *Opuntia*
Verwandte: *C. brookeae* (rote oder orangefarbene Blüten), *C. ritteri* (grünlich gelbe bis zitronengelbe Blüten), *C. smaragdiflorus* (schöne zweifarbige Blüten), *C. strausii* (dichte weiße Bedornung), *C. viridiflorus* (grünliche Blüten)

Größe:
bis 100 cm
Blütezeit:
Sommer

Coleocephalocereus goebelianus ✲

Name: Furchenkopf-Cereus
Familie: Kakteengewächse (*Cactaceae*)
Herkunft: Brasilien (zentral im Bundesstaat Bahia); wachsen bis in 900 m Höhe
Aussehen: rosarötliche bis weiße Blüten, etwa 5 cm lang, erscheinen im Alter aus einem seitlichen, dicht behaarten, borstigen Wollschopf (Cephalium); bis 12 cm dicke Säulen mit 10–20 Rippen, die sich selten am Grund verzweigen; am Heimatstandort 2–5 m hoch werdend
Standort: eignet sich hervorragend zur Kultivierung am sonnigen, warmen Fenster; Überwinterung bei Zimmertemperatur oder kühler bei mindestens 14 °C
Pflege: bei warmer Überwinterung alle 4 Wochen wenig gießen, bei kühler überhaupt nicht; Vermehrung durch Samen
Verwendung: gut zu kombinieren mit *Disocactus, Melocactus, Notocactus, Parodia* sowie *Euphorbia* und *Gasteria*
Verwandte: säulig wachsen *C. buxbaumianus, C. fluminensis* und *C. pluricostatus*; zur Gattung *Buiningia* gehörten früher die kugeligen Arten *C. aureus* und *C. purpureus*

Größe:
15 cm
Blütezeit:
Sommer

Copiapoa haseltoniana

Name: botanisch heute als *C. gigantea* bezeichnet
Familie: Kakteengewächse (*Cactaceae*)
Herkunft: Chile (Nebelwüsten in Küstennähe bei Paposo)
Aussehen: Blüten gelb, erscheinen erst im Alter; Wuchs kugelig bis verlängert; im Alter sprossend und Polster bildend, die in der Natur Durchmesser von bis zu 2 m erreichen
Standort: am Fenster; kann kühl oder warm überwintern
Pflege: rein mineralische Erde verwenden; im Sommer bis zu zweimal pro Woche mit kalkfreiem Wasser überbrausen, bei warmem Winterstand alle 1–2 Wochen, bei kühlem gar nicht; wächst langsam; Vermehrung durch Samen
Verwendung: sehr schön zu *Browningia* und *Eriosyce*
Besonderheiten: aschgraue bis grünlich hellbraune Bereifung; je älter, desto ausgeprägter ist diese markante dicke Wachsschicht
Verwandte: *C. cinerea* (im Alter hellgraue Bereifung), *C. grandiflora* (braune bis schwarze Dornen, gelbe Blüten); bereits als Jungpflanzen blühen in gelblichen Farben: *C. esmeraldana*, *C. humilis*, *C. hypogaea* und *C. laui* (Zwergform)

Größe:
bis 14 cm
Blütezeit:
Aug. – Sept.

Coryphantha elephantidens ✲

Name: Elefantenzähnige Coryphantha
Familie: Kakteengewächse (*Cactaceae*)
Herkunft: im Grasland auf Lavaböden in Mexiko
Aussehen: tiefpurpurrosa Blüten, auch weiß mit rötlichem Schlund und rötlichen Mittelstreifen, 8–10 cm groß; der Pflanzenkörper ist flachkugelig, glänzend dunkelgrün mit sehr großen, massigen, tief gefurchten Warzen und stark wolligem Scheitel; bildet sprossend Gruppen
Standort: sonnige Plätze; verträgt sehr gut sowohl warme als auch kühle Wintertemperaturen bis 0 °C; mag frische Luft und steht daher im Sommer gerne im Freien
Pflege: während kühler Überwinterung völlig trocken halten; Vermehrung durch Stecklinge der an älteren Pflanzen entstehenden Seitensprosse sowie durch Samen
Verwendung: ist universell einsetzbar; passt sehr gut zu allen anderen großen Kakteen und anderen Sukkulenten
Besonderheiten: Blüten erscheinen aus der Warzenfurche
Verwandte: 57 weitere Arten mit vielen Unterarten und Varietäten mit meist gelben Blüten, selten rot bis magenta

Größe:
bis 15 cm
Blütezeit:
Spätsommer

Coryphantha macromeris

Name: Dona-Ana-Kaktus
Familie: Kakteengewächse (*Cactaceae*)
Herkunft: Süden Nordamerikas bis nordöstliches Mexiko
Aussehen: violettrosa bewimperte Blüten, bis 7 cm im Durchmesser; bildet dichte Gruppen mit Einzelköpfen bis 8 cm; in der Natur erreichen Gruppen Durchmesser von 1 m
Standort: am sonnigen Fenster; im Sommer bei frischer Luft gerne im Freien; im Winter trocken und kühl bis 5 °C
Pflege: Die Erde sollte einen hohen Mineralanteil haben. Vermehrung durch Samen, Stecklinge oder durch Teilung
Verwendung: großblütiger Schmuck für das Fensterbrett und im Sommer auf der Terrasse
Besonderheiten: psychedelisch wirkende Alkaloide; auch appetitzügelnde Wirkung als Bestandteil von Arzneimitteln
Verwandte: *C. cornifera* (gelbe Blüten), *C. durangensis* (weiß bis hellgelb, manchmal mit rosa Spitzen), *C. echinus* (leuchtend gelb), *C. maiz-tablasensis* (gelb bis cremeweiß), *C. pycnacantha* (hellgelb), *C. recurvata* (gelb mit dunklerem Mittelnerv), *C. sulcata* (gelb mit rotem Schlund)

Größe:
bis 300 cm
Blütezeit:
Juni – Aug.

Cylindropuntia imbricata ✿

Namen: Dachziegelartige Säulen-Opuntie, *Opuntia imbricata*
Familie: Kakteengewächse (*Cactaceae*)
Herkunft: zentrales Nordamerika bis Zentralmexiko
Aussehen: dunkelrosa bis magentafarbene Blüten, die nach 6–8 Jahren erscheinen; bildet Sträucher bis kleine Bäume mit zylindrischen, sehr variablen Trieben, die sogar keulenförmig sein können, 8–25 cm lang und 1,5–4 cm dick
Standort: Heute sind vor allem Standortformen aus Zentralnordamerika, die bei uns winterhart sind, im Angebot; sie eignen sich ohne Regenschutz ganzjährig für den Garten.
Pflege: nur bei sehr großer Trockenheit muss im Freien gegossen werden; Vermehrung über Samen und Stecklinge
Verwendung: dominiert in der Kombination mit anderen Winterharten durch die Höhe
Besonderheiten: Die Ureinwohner verwenden eine Paste aus gemahlenen Dornenhülsen gegen Eiterbeulen, mit getrocknetem Stammmark werden Ohrenprobleme behandelt.
Verwandte: Sehr bekannt, aber nicht winterhart ist *C. bigelovii* (auch „Teddybär Cholla“ genannt wegen ihres Aussehens).

Größe:
40–200 cm
Blütezeit:
Sommer

Cylindropuntia spinosior ✿

Familie: Kakteengewächse (*Cactaceae*)
Herkunft: Nordamerika (Arizona und New Mexico), Wüsten und Grasland; auch in Mexiko weit verbreitet
Aussehen: Blüten variabel, meist weiß, manchmal auch gelblich über rosa bis rötlich purpur; kompakte, buschige Bäumchen, meist bis 50 cm hoch, selten höher; runde Triebe mit sehr wehrhaften Dornen
Standort: sonnige Plätze im Garten; Schutz vor Feuchtigkeit ist nicht nötig, verträgt aber trockene Bereiche gut
Pflege: Die Pflanzen, die in unseren Breiten als winterhart verkauft werden, sind sehr robust und vertragen auch unsere Winterfeuchte ohne Schutz. Vermehrung über Samen und Stecklinge, die man im Juli schneidet.
Verwendung: ausgepflanzt im Garten, auf der Trockensteinmauer oder im frostfesten Pflanzgefäß ist sie sehr dekorativ
Besonderheiten: besitzt sowohl starke und große als auch ein Polster feiner Dornen, so genannter Glochiden; beide tragen unangenehme Widerhaken
Verwandte: Ebenfalls winterhart ist *C. whipplei.*

Größe:
7–10 cm
Blütezeit:
Frühjahr – Sommer

Discocactus zehntneri

Familie: Kakteengewächse (*Cactaceae*)
Herkunft: Brasilien (Nord-Bahia auf reinem Quarzsand)
Aussehen: weiße, bis 9 cm lange, sehr intensiv duftende, sich nachts öffnende Blüten entwickeln sich aus einem endständigen Borstenschopf (Cephalium); Pflanzenkörper flachkugelig, bis 10 cm im Durchmesser
Standort: am sonnigen oder halbsonnigen Fenster; Mindesttemperatur im Winter 15 °C
Pflege: in rein mineralisches Substrat mit hohem Anteil an scharfem Flusssand pflanzen, auf Bims und Lava verzichten; im Winter wenig wässern; Vermehrung durch Samen
Verwendung: zusammen mit *Arrojadoa, Melocactus* und *Pilosocereus* der ideale Kaktus für das beheizte Zimmer
Besonderheiten: einer rein vegetativen Phase folgt nach 4–5 Jahren eine generative Phase mit Cephalium
Verwandte: *D. bahiensis* (gelblich weiße Blüten), *D. heptacanthus* (weiße Blüten), *D. horstii* (relativ klein), *D. placentiformis* (weiße Blüten), *D. zehntneri* ssp. *buenekeri* (kleiner als die reine Art, sprosst sehr leicht, pflegeleichter)

Größe:
bis 300 cm lange Triebe
Blütezeit:
März – Mai

Disocactus aurantiacus

Name: syn. *Heliocereus aurantiacus*
Familie: Kakteengewächse (*Cactaceae*).
Herkunft: Nebelwald in 1500–1800 m Höhe von Südmexiko, Honduras und Nicaragua
Aussehen: Am oberen Bereich der herabhängenden Triebe bilden sich hell- bis orangerote trichterförmige Blüten mit magentafarbenem Hauch, 12,5–15,5 cm lang und etwas nach oben gebogen; die 1–2 cm dicken Triebe verzweigen sich an der Basis und sind 2- bis 5-kantig.
Standort: ganzjährig im beheizten Wohnbereich; hell, jedoch pralle Sonne vermeiden, auch am hellen Nordfenster
Pflege: ohne (ausgesprochene) Winterruhe bei wenigstens 12–15 °C; Vermehrung durch Stecklinge, selten Samen
Verwendung: als schmucke Ampelpflanze zu halten
Verwandte: je nach botanischer Auffassung bis 15 Arten; die so genannte „Rote Königin“ mit ihren riesigen, lilaroten Tagblüten ist weit verbreitet als *Heliocereus-speciosus*-Hybride, wird aber botanisch heute unter dem Namen *Disocactus* × *Disoselenicereus* geführt

Größe:
bis 150 cm, hängend
Blütezeit:
März – Mai

Disocactus flagelliformis ✲

Namen: Schlangenkaktus; noch weit verbreitet unter dem synonymen Namen *Aporocactus flagelliformis*
Familie: Kakteengewächse (*Cactaceae*)
Herkunft: Mexiko (Provinzen Hidalgo und Oaxaca)
Aussehen: Blüten violettrot, erscheinen bei guter Nährstoff- und Wasserversorgung bei älteren Pflanzen sehr reichlich; herabhängende, vielrippige, dünne Triebe
Standort: viel Licht, aber pralle Sonne vermeiden; im Winter nicht zu warm, aber nicht unter 15 °C
Pflege: auch im Winter alle 1–2 Wochen gießen; zu lange Triebe zurückschneiden, um gute Verzweigung zu erreichen; Vermehrung durch Stecklinge, diese 1–2 Wochen trocken liegen lassen, dann zu mehreren pflanzen
Verwendung: als Ampelpflanze oder von Regalen oder Schränken herabhängende, sehr attraktive Erscheinung
Besonderheiten: schon seit 200–300 Jahren in Kultur
Verwandte: Kreuzungen mit Blattkakteen werden *Aporophyllum* genannt; diese haben größere Blüten von fast weiß bis zu zahlreichen verschiedenen Rottönen.

Größe:
60–100 cm
Blütezeit:
März – Juni

Disophyllum-Hybriden ✿

Name: Blattkakteen
Familie: Kakteengewächse (*Cactaceae*)
Herkunft: Kreuzungen zwischen *Disocactus* und *Epiphyllum* brachten diese sehr schönen Hybriden hervor
Aussehen: Die duftenden Blüten sind mit 10–15 cm in der Regel kleiner als die der üblichen Blattkakteen (*Epiphyllum*-Hybriden). Sie erscheinen dafür in größerer Zahl, in Farben von Gelb über Orange und Rosa bis Tiefrot. Die Blütenblätter sind schmal und fein. Die blattartig verbreiterten Sprosse sind ebenfalls feiner als bei *Epiphyllum* und hängen leicht über.
Standort: ganzjährig im beheizten Wohnbereich; hell, jedoch pralle Sonne vermeiden, auch für helle Nordfenster geeignet; im Sommer auch geschützt im Schatten im Freien
Pflege: das „Elternteil“ *Disocactus macranthus* ist wärmebedürftig, deshalb diese schönen Hybriden bei mindestens 15 °C im Halbschatten halten
Verwendung: kann als ausladende Ampelpflanze ganzjährig im Zimmer gehalten werden; entsprechend gestutzt aber auch aufrecht im Topf

Größe:
50 cm
Blütezeit:
Frühjahr – Sommer

Echinocactus grusonii ✿

Name: Schwiegermutterstuhl
Familie: Kakteengewächse (*Cactaceae*)
Herkunft: Mexiko, aus einem sehr begrenzten Gebiet in Querétaro; aufgrund eines Staudammprojektes dort ausgestorben; vom Menschen aber weit verbreitet
Aussehen: gelbe Blüten, entwickeln sich aus dem Scheitel alter Pflanzen ab ca. 30 cm Durchmesser; kugelförmiger Wuchs, für gewöhnlich ohne Seitensprosse; in der Natur bis 80 cm im Durchmesser; leuchtend goldgelbe Dornen
Standort: für alle sonnigen Standorte geeignet; verträgt sowohl warme als auch kühle Überwinterung bis 5 °C
Pflege: pflegeleichter Kaktus, der sich gut für Kakteen-Einsteiger eignet; Vermehrung durch Samen
Verwendung: Mit kleinen Pflanzen am Fensterbrett oder großen Einzelstücken im Indoor-Landscaping (→ Seite 239) setzt diese Art Akzente; bei guten Lichtverhältnissen pflegeleicht
Besonderheiten: der wohl populärste Kaktus überhaupt
Verwandte: *E. horizonthalonius* (wächst extrem langsam), *E. parryi*, *E. polycephalus* (schwierig zu kultivieren)

Größe:
bis 80 cm
Blütezeit:
Frühjahr – Sommer

Echinocactus platyacanthus ✿

Namen: Biznaga, *E. grandis, E. ingens, E. palmeri, E. visnaga*
Familie: Kakteengewächse (*Cactaceae*)
Herkunft: Nord- und Zentralmexiko
Aussehen: 5–7 cm große, gelbe Blüten, sie erscheinen erst in hohem Alter aus dem wolligen Scheitel; Wuchs in der Jugend flachkugelig, im hohen Alter manchmal fass- bis säulenförmig; wird in der Natur bis 250 cm hoch mit 5 bis über 60 Rippen
Standort: sonniges Fenster, im Sommer gern im Freien; kann sowohl warm als auch kühl und trocken überwintern
Pflege: je größer, desto mehr Wasserspeicher ist vorhanden und desto seltener muss gegossen werden
Verwendung: große Pflanzen eignen sich gut – allein oder mit *Euphorbia ingens* und *Ferocactus* kombiniert – zur attraktiven Innenraumdekoration
Besonderheiten: diente den Azteken unter dem Namen „Teocomitl" als Altar für blutige Menschenopfer; in Zuckerlösung kandiert, wird dieser Kaktus heute noch zu begehrten Süßigkeiten verarbeitet

Größe:
bis 20 cm
Blütezeit:
Sommer

Echinocactus texensis

Name: syn. *Homalocephala texensis*
Familie: Kakteengewächse (*Cactaceae*)
Herkunft: südliches Nordamerika und Nordmexiko
Aussehen: Blüten selten weiß, meist hellrosa mit rotem Zentrum, 5–6 cm lang, mit federartig gefransten Blütenblättern; Pflanzenkörper flachkugelig, wächst langsam, bis 30 cm Durchmesser; 1 Mitteldorn je Areole, überragt die Randdornen, abgeflacht, steif abwärts gebogen
Standort: am sonnigen Fenster, im Sommer im Freien möglich; im Winter bis 5 °C, kann aber auch wärmer stehen
Pflege: wächst in rein mineralischer Erde am besten; nur bei hohen Temperaturen kräftig wässern, sonst trocken halten; Vermehrung durch Samen
Verwendung: zusammen mit *Ariocarpus, Astrophytum* und *Pelecyphora* eine reizvolle Art für den geduldigen Liebhaber
Verwandte: *E. grusonii* („Schwiegermutterstuhl", → Seite 53); *E. horizonthalonius* (Blüte rosa), *E. parryi* (gelb mit magenta, Schlund rot) und *E. polycephalus* (gelb, rosa Mittelstreif) wachsen ebenfalls langsam

Größe:
bis 40 cm
Blütezeit:
April – Mai

Echinocereus coccineus ✲

Familie: Kakteengewächse (*Cactaceae*)
Herkunft: Nordamerika (Colorado, Arizona, New Mexico, Westtexas), Mexiko (Sonora, Chihuahua, Coahuila)
Aussehen: Blüten orangerot, breit-trichterförmig, 2,5–8 cm; kugelige bis kurzsäulige, bis 7 cm dicke, sattgrüne Triebe, die sich an der Basis verzweigen; im Alter größere Gruppen bildend bis 1 m Durchmesser
Standort: ganzjährig im Freien ohne Regenschutz; wenn die Überwinterung im Haus stattfindet, dann kühl und trocken
Pflege: Vermehrung durch Samen
Verwendung: Besonders mit anderen Winterharten kombiniert, ergeben sich sehr schöne Arrangements. Die Art wächst nicht so schnell wie Opuntien, daher besser in den Vordergrund pflanzen.
Besonderheiten: Die Navajos nutzen *E. coccineus* medizinisch zur Herzstimulation.
Verwandte: zusammen mit dem ähnlichen *E. triglochidiatus* am besten für die winterharte Pflanzung ohne Regenschutz geeignet

Größe:
5–60 cm
Blütezeit:
Frühjahr

Echinocereus engelmannii ✲

Name: Erdbeerfrucht-Kaktus
Familie: Kakteengewächse (*Cactaceae*)
Herkunft: weit verbreitet im Südwesten von Nordamerika und im Norden Mexikos; von Meereshöhe bis 2400 m
Aussehen: herrliche Blüten, bis 9 cm groß, purpurrot über magenta bis lavendel; Triebe zylindrisch, bis 9 cm dick; Gruppen bildend mit dekorativen und variablen Dornen
Standort: sonnige Fenster, im Sommer im Freien; Winterruhe bei 5 °C bis Zimmertemperatur möglich
Pflege: bei kühler Überwinterung trocken halten, bei warmer selten mäßig gießen; Vermehrung durch Samen
Verwendung: Diese dekorative Art schafft Wüstenflair an jedem sonnigen Fensterplatz.
Besonderheiten: Die roten Früchte werden etwa 3 cm groß und schmecken süß, daher der deutsche Name. Schon die Hohokam, ein nordamerikanischer Ureinwohner-Stamm, nutzten *E. engelmannii* als Fruchtlieferant.
Verwandte: 8 Varietäten werden beschrieben, die sich vor allem in Farbe und Länge der Dornen unterscheiden.

Größe:
bis 25 cm
Blütezeit:
Frühjahr

Echinocereus fendleri

Familie: Kakteengewächse (*Cactaceae*)
Herkunft: Nordamerika (Arizona, New Mexico, Colorado, Texas), Mexiko (Chihuahua und Sonora)
Aussehen: magentafarbene Blüten, bis 6 cm groß; Sprosse bis maximal 25 cm hoch, bis 6,2 cm dick; oft einzeln, manchmal aber Gruppen mit bis zu 10 Trieben bildend; auffällige Bedornung: Randdornen hell, dunkle Mitteldornen
Standort: sonnige Plätze; viele Populationen sind bekannt, deren Exemplare bei uns mit Regenschutz winterhart sind; auf alle Fälle im Winter kühl bei maximal 12–15 °C
Pflege: stark mineralische Erde verwenden; im Winter trocken halten; frische Luft im Sommer ist wünschenswert; Vermehrung durch Samen
Verwendung: für den kalten Wintergarten, im Freien an wintertrockenen Stellen oder mit Regenschutz
Verwandte: der wenig frostharten, kleineren Unterart *E. fendleri* ssp. *hempelii* fehlt der auffällige Mitteldorn, während *E. fendleri* ssp. *rectispinus* abstehende, bis 4 cm lange Mitteldornen ausbildet

Größe:
15–20 cm
Blütezeit:
Mai

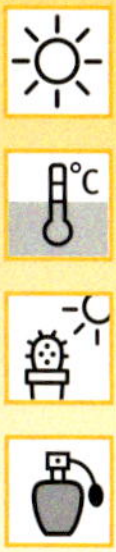

Echinocereus papillosus ✿

Name: Warziger Igelsäulenkaktus
Familie: Kakteengewächse (*Cactaceae*)
Herkunft: vom südlichen Texas bis in den Norden Mexikos (Nuevo León, Tamaulipas, San Luis Potosí)
Aussehen: bis 12 cm große, duftende, leuchtend hellgelbe Blüten mit orangerotem bis purpurfarbenem Schlund; in der Natur bis 1 m große Gruppen bildende, schlanke Triebe bis 7 cm Durchmesser; mit 1,5 cm kurzen Dornen
Standort: im Sommer sonnige, warme Fensterplätze oder im Freien; Überwinterung zwischen 5 und 15 °C
Pflege: kräftige Wassergaben ab spätem Frühjahr; im Winter bei 5 °C ganz trocken halten, bei 12–15 °C selten an warmen Tagen überbrausen; Samen sind die gängige Vermehrungsmethode, aber auch Stecklingsvermehrung mit den sich zahlreich bildenden Seitentrieben ist möglich
Verwendung: am sonnigen Fenster im Haus, Büro, Wintergarten; im Sommer auf der Terrasse ein attraktiver Anblick
Verwandte: *E. papillosus* var. *angusticeps*, kleinwüchsige Varietät aus einem kleinen Fundgebiet im Süden von Texas

Größe:
bis 20 cm
Blütezeit:
April – Mai

Echinocereus reichenbachii ✿

Familie: Kakteengewächse (*Cactaceae*)
Herkunft: Südwesten Nordamerikas und Nordosten Mexikos
Aussehen: Blüten bis 12 cm groß, duftend, rosa bis magenta mit dunklerem oder weißem Schlund und grüner Narbe, erscheinen nahe der Triebspitze; Körper zylindrisch und wenig sprossend, bis 8 cm dick
Standort: ganzjährig im Freien möglich, wenn vor Nässe geschützt; kann aber auch am Fenster stehen, dann sollte man jedoch auf kühlen Winterstand achten
Pflege: Vermehrung durch Samen
Verwendung: Besonders Herkünfte aus Oklahoma sind unter mitteleuropäischen Verhältnissen winterhart und können zusammen mit anderen Winterharten auf Trockensteinmauern, in Beeten oder frostfesten Kübeln sehr attraktiv gestaltet werden.
Verwandte: Die Unterarten *E. reichenbachii* ssp. *baileyi* und *E. reichenbachii* ssp. *perbellus* können ebenfalls winterhart gehalten werden, insbesondere wenn sie nördlicher Herkunft sind.

Größe:
20–30 cm
Blütezeit:
Frühjahr – Sommer

Echinocereus rubispinus

Namen: syn. *E. pectinatus* var. *rubispinus*, heute als *E. rigidissimus* ssp. *rubispinus* bezeichnet
Familie: Kakteengewächse (*Cactaceae*)
Herkunft: Mexiko (Chihuahua)
Aussehen: purpurfarbene, 6–9 cm große Blüten; erscheinen nach den ersten Wassergaben im Frühjahr an mehrjährigen Pflanzen, bis eine Woche lang offen; Wuchs anfangs kugelig, später zylindrisch; bis 6 cm dick; sehr selten sprossend
Standort: am sonnigen Fenster; ganzjährig im Zimmer oder im Sommer im Freien; im Winter kühl bei mindestens 5 °C
Pflege: stark mineralische Erde verwenden; während des Wachstums im Frühjahr und Sommer sonnig und warm halten, dabei kräftig gießen; im Spätsommer und Herbst wenig und im Winter gar nicht gießen; Vermehrung durch Samen
Verwendung: durch die intensive Dornenfarbe ein unverwechselbarer Farbtupfer am Fensterbrett
Besonderheiten: lebhaft rot-violett gefärbte, eng und dicht anliegende Bedornung wechselt mit hellerer ab, daher der Name „Regenbogenkaktus“ für die Leitart *E. rigidissimus*

Größe:
5–40 cm
Blütezeit:
Mai

Echinocereus triglochidiatus ✿

Familie: Kakteengewächse (*Cactaceae*)
Herkunft: im Südwesten von Nordamerika und im angrenzenden Mexiko weit verbreitet
Aussehen: Blüten orangerot bis tiefrot mit heller Mitte, bis 7 cm groß; zylindrische Triebe; bildet Gruppen; in der Natur bis über 1 m im Durchmesser
Standort: die meisten Populationen sind völlig winterhart, auch ohne jeden Schutz; im Sommer viel Sonne und frische Luft; indoor im Winter nicht über 5 °C
Pflege: Winterharte von März bis Juli düngen
Verwendung: winterharte Art für Steingarten, Trockensteinmauer oder frostfeste Kübel
Besonderheiten: Vielfältige ethnobotanische Nutzung; unter anderem sehen die Tarahumara diesen Kaktus als „falschen Peyotl" und nehmen ihn als Substitut.
Verwandte: sehr formenreiche Art; von typischen 3 Dornen bis über 20 je Areole; es gibt sogar eine dornenlose Varietät: *E. triglochidiatus* var. *inermis*; *E. triglochidiatus* var. oder ssp. *mojavensis* wird heute als eigene Art aufgefasst

Größe:
bis 12,5 cm
Blütezeit:
März – April

Echinocereus viridiflorus

Familie: Kakteengewächse (*Cactaceae*)
Herkunft: Nordamerika (South Dakota, Wyoming, Colorado, Kansas, New Mexico, Oklahoma und Texas) sowie die angrenzenden Gebiete Mexikos
Aussehen: Blüten entwickeln sich seitlich an den Trieben, gelb bis gelblich grün und 2,5–3 cm groß; die Triebe werden bis 12,5 cm hoch und 5 cm dick und tragen meist cremefarbene und braune oder rötliche Dornen
Standort: Die Herkunft weist bereits darauf hin: Tatsächlich sind die meisten Populationen bei uns vollständig winterhart.
Pflege: Wenn nicht ganzjährig im Freien überwintert werden kann, sollte mindestens ein kühler Winterstandort von unter 8 °C gewährleistet sein.
Verwendung: sehr schön auf Steinlesehaufen und Trockensteinmauern mit winterharten *Opuntia-fragilis-* und *O.-hystricina*-Hybriden sowie *E. coccineus*
Verwandte: Unterart *E. viridiflorus* ssp. *chloranthus*, gut winterhart; *E. v.* ssp. *correllii*, *E. v.* ssp. *cylindricus* und *E. v.* ssp. *davisii* überdauern nur sehr gut geschützt im Freien

Größe:
4 cm
Blütezeit:
Juni – Sept.

Echinopsis arachnacantha ✿

Namen: Spinnendornige Echinopsis, *E. ancistrophora* ssp. *arachnacantha*, Synonyme *Lobivia arachnacantha*, *L. kratochviliana*, *L. torrecillasensis*
Familie: Kakteengewächse (*Cactaceae*)
Herkunft: südliches Bolivien (Cochabamba, Santa Cruz), in 2400–2800 m Höhe
Aussehen: Blüten gelb, orange oder rot und 5–6 cm lang; flachkugelige Triebe; stark sprossend Gruppen bildend
Standort: liebt frische Luft im Sommer, gedeiht aber auch am hellen Fenster; kühle Winterruhe wünschenswert
Pflege: im Winter kühl und trocken halten; im Sommer auf frische Luft achten und Überhitzung vermeiden; Vermehrung über Samen und Stecklinge der Seitensprosse
Verwendung: Ein kleines Blütenwunder, das vom späten Frühjahr bis in den Sommer hinein unglaublich üppig immer wieder Blüten produziert und mit den kräftigen Blütenfarben zu allen kleinwüchsigen Kakteen passt.
Verwandte: *E. arachnacantha* fa. *mairanana* blüht gelb, *E. a.* fa. *torrecillasensis* karminrot, *E. a.* fa. *vallegrandensis* orange-rot.

Größe:
5–10 cm
Blütezeit:
Mai – Juni

Echinopsis aurea ✿

Familie: Kakteengewächse (Cactaceae)
Herkunft: Nordargentinien (Salta, Santiago del Estero, Catamarca, La Rioja, San Luis, Córdoba); weit verbreitet in Höhen zwischen 500 und 1 000 m
Aussehen: glänzend zitronengelbe Blüten, 9 cm lang, 8 cm im Durchmesser; Triebe kugelförmig oder kurzzylindrisch, dunkelgrün, bis 6 cm Durchmesser; syn. *Lobivia aurea*-Form kaum sprossend, syn. *Lobivia shaferi*, *L. cylindrica* und andere heute zu *E. aurea* gezählten Arten bilden sprossend Gruppen
Standort: sonnige Fenster, im Sommer gerne im Freien; Winterruhe bei kühlem Stand ab 5 °C
Pflege: wöchentliche Wassergaben; da recht wüchsig, regelmäßig düngen; in der Winterruhe trocken halten
Verwendung: im Sommer sehr schön auf Terrasse und Balkon, auch am luftigen Fensterbrett
Verwandte: diese Art wurde zu *Lobivia* gestellt; heute wird diese Gattung weitgehend der Gattung *Echinopsis* zugeordnet; *E. aurea* var. *albiflora* blüht weiß, die Varietät *E. aurea* var. *dobeana* (syn. *E. dobeana*) blüht rot

Größe:
bis 20 cm
Blütezeit:
Juni – Aug.

Echinopsis backebergii ✲

Namen: Synonyme *Lobivia backebergii, L. oxyalabastra, L. winteriana, L. wrightiana, L. zecheri*
Familie: Kakteengewächse (*Cactaceae*)
Herkunft: Bolivien, Südost-Peru, auf 3 200–3 900 m Höhe
Aussehen: Tagblüten hell- bis dunkelrot und rosalila, oft mit weißem Schlund, 4 cm groß; Triebe kugelig bis kurzzylindrisch, zum Teil sprossend Gruppen bildend; scharf gekerbte, spiralig angeordnete Rippen
Standort: liebt frische Luft, gedeiht aber auch am sonnigen Fenster; Überhitzung direkt hinter der Scheibe vermeiden
Pflege: kräftige Wassergaben im Sommer; im Winter kühl und trocken halten; Vermehrung durch Samen und Stecklinge
Verwendung: zusammen mit anderen robusten Arten wie der klein bleibenden *Agave potatorum* var. *verschaffeltii* 'Shoi Rajin' oder robusten Säulenkakteen wie *Cleistocactus* hübsch zu kombinieren
Verwandte: Besonders die aparte syn. *Lobivia wrightiana* mit zarten lilarosa Blüten ist eine Bereicherung für jedes Fensterbrett.

Größe:
bis 30 cm
Blütezeit:
spätes Frühjahr – Sommer

Echinopsis chamaecereus ✲

Name: syn. *Chamaecereus silvestrii*
Familie: Kakteengewächse (*Cactaceae*)
Herkunft: Argentinien (Tucumán, Salta), in Höhenlagen von 2500–3500 m in Savannen und lichten Wäldern
Aussehen: kräftig orange-scharlachrote, 7 cm lange Blüten, die zahlreich erscheinen; kurze, schlanke, sich stark verzweigende Triebe, die Polster bilden
Standort: Sommerstand im Freien; kühle Winterruhe fördert Wachstum und Knospenansatz; im Winter 5–15 °C, bei völliger Trockenheit verträgt er bis –5 °C
Pflege: wöchentlich kräftige Wasser- und Düngergaben während des Wachstums und völlige Trockenheit im Winter garantieren üppigen Blütenflor im Sommer, soll aber auch bei wärmerer Überwinterung reichlich blühen
Verwendung: anspruchslose, blühfreudige Art für das sonnige Fenster, im Sommer auch auf Terrasse und Balkon
Verwandte: In den letzten Jahren wurden *E.-chamaecereus*-Hybriden gezüchtet mit weißen, gelben, roten (→ Abb.) oder lila Blüten.

Größe:
bis 20 cm
Blütezeit:
Juni – Aug.

Echinopsis ferox ✿

Namen: Wild bewehrte Echinopsis; Synonyme *E. lecoriensis, E. nigra, Lobivia backebergiana, L. claeysiana, L. ferox, L. hastifera, L. horrida, L. longispina, L. pachyacantha, L. pictiflora, L. potosina, L. varispina, Pseudolobivia wilkeae*
Familie: Kakteengewächse (*Cactaceae*)
Herkunft: Bolivien, angrenzendes Nordargentinien, nordöstliches Chile, Mittel- und Hochlagen der Anden, bis 3000 m
Aussehen: Blüten in allen Farben, weiß, gelb, orange bis rot und lila, 7–10 cm lang; Körper kugelig bis kurzzylindrisch; sehr stark von der kräftigen Bedornung eingehüllt
Standort: liebt frische Luft im Sommer, gedeiht aber auch am hellen Fenster; Überhitzung vermeiden
Pflege: verträgt kräftige Wassergaben im Sommer; im Winter kühl und trocken halten; Vermehrung durch Samen
Verwendung: Die auffällige Bedornung bildet einen schönen Kontrast zu weißwolligen *Espostoa* und *Mammillaria.*
Verwandte: Eine besonders auffällige Bedornung haben die Arten syn. *Lobivia ferox* var. *longispina* oder syn. *Pseudolobivia ducis-pauli.*

Größe:
bis 12 cm
Blütezeit:
Juni – Aug.

Echinopsis haematantha ✿

Namen: Synonyme *Lobivia amblayensis, L. chorillosensis, L. drijveriana, L. elongata, L. haematantha, L. hualfinensis, L. kuehnrichii, L. mirabunda, L. nigrispina, L. pencapoma*
Familie: Kakteengewächse (*Cactaceae*)
Herkunft: nördliches Argentinien (Salta, Tucumán, Catamarca), in 2000–3000 m Höhe
Aussehen: wie in der Gruppe der Lobivien (die heute zu *Echinopsis* gezählt werden) häufig, gibt es Exemplare dieser Art, die gelb blühen, andere bis orange, wieder andere sogar bis purpurrot, 3–4 cm groß; Triebe flachkugelig bis kurzzylindrisch; bilden oft sprossend Gruppen
Standort: wie alle Hochlagen-Kakteen lieben sie frische Luft im Sommer auf der Terrasse, im Winter einen kühlen Platz
Pflege: im Winter kühl und vollkommen trocken halten
Verwendung: passt sehr gut zu *Espostoa, Mammillaria, Matucana, Oroya* und *Rebutia*
Verwandte: Unter dem Artnamen *Echinopsis haematantha* werden heute viele Formen zusammengefasst, die oft noch unter ihrem älteren Namen *Lobivia* verbreitet sind (→ oben).

Größe:
20–40 cm
Blütezeit:
April – Okt.

Echinopsis-Hybriden

Namen: Bauernkaktus, auch Falsche Königin der Nacht
Familie: Kakteengewächse (*Cactaceae*)
Herkunft: Kultivar; Züchtungen meist mit *E. eyriesii*
Aussehen: große Trompetenblüten in vielen Farben von weiß über gelb bis rot und mehrfarbig, 20–30 cm lang; öffnen sich erst abends gegen 17 Uhr für nur wenige Tage; Wuchs kugelig, später kurzsäulig und sprossend; Gruppen bildend; wüchsig
Standort: am sonnigen Fenster; die sehr robusten Pflanzen stehen gern im Sommer im Freien; im Winter kühl halten
Pflege: auf regelmäßige Düngung achten; im Winter nicht gießen; leicht zu pflegen; Vermehrung durch Stecklinge, denn nur dadurch erhält man farbechte Nachkommen
Verwendung: mit anderen *Echinopsis* und *Gymnocalycium*
Verwandte: Es gibt heute eine reiche Auswahl an *Echinopsis*-Hybriden. Man kann sich aus den vielen verschiedenen Sorten, z. B. 'Attila' (sattrosa, gefüllt), 'Hildegard Winter' (helles Zitronengelb), 'Melodie' (lila mit lachsrotem Mittelstreif, gelbe Hüllblätter) 'Rheingau' (malve mit lachsrotem Mittelstreifen), eine prächtig bunte Mischung zusammenstellen.

Größe:
8 cm
Blütezeit:
Juni – Sept.

Echinopsis marsoneri ✿

Namen: Synonyme *Lobivia marsoneri, L. buiningiana, L. glauca, L. haageana, L. iridescens, L. jajoiana, L. muhriae, L. nigristoma, L. rubescens, L. tuberculosa, L. uitewaaliana, L. vatteri*
Familie: Kakteengewächse (*Cactaceae*)
Herkunft: südliches Bolivien (Chuquisaca) und nördliches Argentinien (Jujuy, Salta), in 2500–4500 m Höhe
Aussehen: Blüten 5–6 cm, sehr variabel von gelb über orange bis rot mit auffällig dunklem Schlund, bei der als *L. jajoiana* verbreiteten Form sogar ganz schwarz; kugelige bis längliche hellgraugrüne Körper, wenig sprossend
Standort: Als Bergkakteen lieben *Echinopsis* viel frische Luft im Sommer, ein helles Fenster ist auch geeignet; für ihre Gesundheit ist ein kühler Winterstandort nötig.
Pflege: während des Wachstums kräftig gießen, in der Winterpause ganz trocken halten; Vermehrung durch Samen
Verwendung: passt gut zu *Mammillaria* und *Rebutia*
Besonderheiten: Unter dem Artnamen *Echinopsis marsoneri* werden heute viele Formen zusammengefasst, die oft noch unter ihrem älteren Namen *Lobivia* im Handel sind (→ oben).

Größe:
12–15 cm
Blütezeit:
April – Juli

Echinopsis mirabilis ✿

Namen: noch weitgehend unter dem synonymen Namen *Setiechinopsis mirabilis* im Handel bekannt; in ihrer Heimat „Flor de adoracion" (Blume der Anbetung) genannt
Familie: Kakteengewächse (*Cactaceae*)
Herkunft: Argentinien (Santiago del Estero, San Juan, La Rioja); im Tiefland zwischen 500 und 1000 m; wächst unter Sträuchern
Aussehen: weiße „Feierabend"-Blüten mit 10 cm langem Blütenstiel schon an zweijährigen Pflanzen; öffnen sich am späten Nachmittag und blühen duftend die ganze Nacht; schlanke Säulen, meist einzeln, bis 2 cm dick, mit merkwürdiger bräunlich grüner Farbe
Standort: am sonnigen sowie nur kurzzeitig besonnten, hellen Fenster, vor praller Sonne schützen; im Sommer auch gut im Freien; verträgt es im Winter warm oder kühl ab 5 °C
Pflege: bei kühler Überwinterung ganz trocken halten, bei Zimmertemperatur mäßig gießen; Vermehrung durch die reichlich sich bildenden Samen
Verwendung: ein nächtliches Kleinod für jedes Fenster

Größe:
300–600 cm
Blütezeit:
Mai – Juli

Echinopsis pachanoi ✿

Namen: San-Pedro-Kaktus; im Allgemeinen noch unter dem Synonym *Trichocereus pachanoi* im Handel
Familie: Kakteengewächse (*Cactaceae*)
Herkunft: Ecuador und Peru
Aussehen: bis 20 cm große, trichterförmige, weiße Blüten; bläuliche, 6–15 cm dicke Säulen, die erst ab 1–1,5 m Höhe blühen; in ihrer Heimat große Bäume bildend; 3–7 Dornen, die insbesondere an großen Pflanzen manchmal fehlen
Standort: sonnig oder halbsonnig am Fenster, im Sommer auch im Freien; im Winter kühl oder warm möglich
Pflege: bei kühler Überwinterung ganz trocken halten; je wärmer, desto häufiger wässern; wächst bei guter Düngung rasch; Vermehrung durch Samen oder Stecklinge
Verwendung: wird sehr gerne als Pfropfunterlage verwendet
Besonderheiten: von den peruanischen Ureinwohnern seit Jahrtausenden in religiösen Zeremonien und in Heilritualen der Schamanen verwendet sowie als Heilmittel eingesetzt
Verwandte: *E. huascha* (syn. *Trichocereus huascha*) mit roten, gelben und auch weißen Blüten (→ Umschlagvorderseite)

Größe:
5–8 cm
Blütezeit:
Mai – Juli

Echinopsis subdenudata ✲

Familie: Kakteengewächse (*Cactaceae*)
Herkunft: Bolivien (Provinz Entre Ríos in Tarija und möglicherweise auch Paraguay), Chaco-Vegetation im Tiefland
Aussehen: mehrfach im Jahr bis zu 20 cm lange, weiße Blüten, 7–9 cm im Durchmesser; einzelne, flachkugelige Körper, bis 12 cm im Durchmesser, graugrün mit scharfkantigen, gekerbten Rippen; fast dornenlos, aber weißwollige Areolen
Standort: sonniges Fenster; bei Sommerstand im Freien keine pralle Mittagssonne; im Winter hell bei 5–15 °C
Pflege: bei kühler Überwinterung ganz trocken halten; je wärmer, desto häufiger wässern; wächst bei guter Düngung rasch; Vermehrung durch Samen
Verwendung: anspruchslose, blühfreudige Art für das sonnige Fenster; im Sommer auch auf Terrasse und Balkon
Besonderheiten: eine (noch namenlose) Form dieser Art ist besonders verbreitet; sie bildet auffällig dicke, weiße Wollpolster auf den Areolen und hat ganz besonders kurze Dornen
Verwandte: besonders hübsch ist *E. obrepande* mit ihren Varietäten mit weißen bis magentaroten Blüten

Größe:
40–60 cm
Blütezeit:
April – Spätsommer

Epiphyllum-Hybriden ✿

Namen: Blattkakteen; syn. *Nopalxochia*, syn. *Phyllocactus*
Familie: Kakteengewächse (*Cactaceae*)
Herkunft: Kultivar; aus den mittelamerikanischen Gattungen *Epiphyllum, Heliocereus, Nopalxochia* u. a. entstanden
Aussehen: Blüten weiß, gelb, orange, rosa, rot oder violett, auch mehrfarbig, 15–20 cm groß; blattartig verbreiterte Sprosse, teils aufrecht, teils neigen sie sich
Standort: am sonnigen Fenster mit Schutz vor praller Sonne; auch halbschattiger Stand im Freien möglich; Überwinterung bei ca. 15 °C
Pflege: im Sommer ein- bis zweimal wöchentlich kräftige Wasser- und Düngergaben, im Winter selten und schwach gießen; regelmäßiges Entspitzen hält den Wuchs kompakt und fördert die Blütenbildung; Vermehrung durch Stecklinge, um identische Nachkommen zu erzielen
Verwendung: begeisternder Blütenschmuck für große Töpfe
Besonderheiten: *Epiphyllum*-Kreuzungen gibt es seit dem 19. Jahrhundert; im Englischen als „orchid cacti“ bekannt
Verwandte: zahlreiche Sorten im Handel

Größe:
etwa 6 cm
Blütezeit:
April – Juli

Epithelantha micromeris

Familie: Kakteengewächse (*Cactaceae*)
Herkunft: vom Osten Arizonas und südliches New Mexico über Westtexas bis Coahuila, San Luis Potosí und Nuevo León; im Kalkschotter an sonnigen, trockenen Standorten
Aussehen: Blüten weißlich bis rosa, auf den Warzen erscheinend; kleiner kugeliger Wuchs, einige Varietäten etwas länglich; zum Teil sprossend; Dornen fein und anliegend, den ganzen Körper einhüllend; Früchte im Herbst leuchtend rot
Standort: am sonnigen Fenster, geschützt auch im Sommer im Freien; Überwinterung bei mindestens 8 °C
Pflege: in rein mineralische Erde mit Zugabe von Kalksplitt pflanzen; Vermehrung durch Samen
Verwendung: einer der kleinsten Kakteen für die Fensterbank
Besonderheiten: soll Elektrosmog reduzieren; die Tarahumara-Indianer glauben, er verleihe Kraft, schenke dem Auge Zauberkraft und könne böse Menschen bannen
Verwandte: *E. bokei* (Blüten hellrosa); *E. micromeris* ssp. *greggii* / ssp. *unguispina* / ssp. *pachyrhiza* / ssp. *polycephala* blühen alle weiß bis zartrosa

Größe:
15 cm
Blütezeit:
Sommer

Eriosyce aurata

Namen: Wollfeige; syn. *E. ceratistes,* syn. *E. sandillon*
Familie: Kakteengewächse (*Cactaceae*)
Herkunft: Chile (Atacama-Wüste bis Santiago), Andenhänge
Aussehen: Blüten gelb bis rötlich, erscheinen erst an älteren Pflanzen; Solitär; einzelne Kugeln, manchmal mit leicht bewolltem Scheitel; in der Natur bis 50 cm im Durchmesser
Standort: am sonnigen Fenster, im Sommer geschützt auch im Freien; warm oder kühl bei mindestens 8 °C überwintern
Pflege: rein mineralische Erde verwenden, Humus bringt die Wurzeln zum Absterben; im Sommer bei anhaltender Wärme kräftig wässern, während bewölkter, kühler Phasen überhaupt nicht; nur bei warmer Überwinterung sehr vorsichtig gießen; Vermehrung durch Samen, aber schwierig; Pfropfen auf *Trichocereus*-Unterlage möglich
Verwendung: lohnend wegen seiner aparten Bedornung
Besonderheiten: goldgelbe, dicke Dornen, die hornartig nach oben gebogen sind und im Alter braungrau werden
Verwandte: insgesamt 35 Arten, darunter heute auch die Gattungen *Islaya, Neochilenia, Neoporteria, Pyrrhocactus*

Größe:
bis 20 cm
Blütezeit:
Sommer

Eriosyce bulbocalyx

Name: diese Art wird heute häufig noch mit dem Synonym *Pyrrhocactus bulbocalyx* benannt
Familie: Kakteengewächse (*Cactaceae*)
Herkunft: Nordargentinien (La Rioja, San Juan und San Luis), auf 500–1 000 m Höhe in den Vorbergen der Anden
Aussehen: Blüten strohgelb mit rotem Schlund; wächst kugelig, Sprosse einzeln, bis 12 cm im Durchmesser; dicke, rotbraune, attraktiv nach oben gebogene Mitteldornen, die bald mit rosa Hauch vergrauen; wächst recht langsam
Standort: am sonnigen Fenster, im Sommer gerne draußen; im Winter trocken bei 5–15 °C
Pflege: rein mineralische Erde verwenden; auch im Sommer vorsichtig wässern, im Winter ganz trocken halten; ist dankbar für frische Luft im Sommer; Vermehrung durch Samen; Pfropfen kann die Entwicklungszeit deutlich verkürzen
Verwendung: attraktive Einzelpflanze, die sich gut pflegen lässt; zusammen mit *Copiapoa, Mammillaira, Rebutia*
Verwandte: alle *Pyrrhocactus* werden heute wegen der nahen Verwandtschaft zu *Eriosyce* gestellt

Größe:
12 cm
Blütezeit:
Frühjahr – Sommer

Eriosyce coimasensis

Namen: Greisenkopf von Coimas; botanisch *Eriosyce senilis* ssp. *coimasensis*; syn. *Neoporteria coimasensis*
Familie: Kakteengewächse (*Cactaceae*)
Herkunft: Chile (südlich Las Coimas bis Monte Negro)
Aussehen: Blüten in Scheitelnähe, leuchtend purpurrosa, zur Mitte hin heller, 1–3 cm groß, häufig noch spät im Jahr; kugeliger Wuchs, meist einzeln, mit bräunlich grüner Epidermis; auffällige, dicke, nach oben gerichtete Dornen
Standort: sonnige Fenster, im Sommer gern im Freien oder an luftigem Fenster; im Winter an 8–10 °C kühlem Platz
Pflege: stark mineralische Erde; im Hochsommer 4 Wochen Wachstumsruhe mit Gießpause; Vermehrung durch Samen
Verwendung: auffällig durch den leuchtenden Blütenschmuck; für Fensterbrett, Wintergarten oder Gewächshaus; passt zu *Copiapoa*, *Echinopsis* und *Espostoa*
Verwandte: andere lohnende *Neoporteria*-Arten sind syn. *N. nidus* var. *gerocephala* mit großen rosa Blüten, die bläuliche syn. *N. paucicostata* mit weißlich hellrosa Blüten, die es auch in einer grünen Varietät, syn. *N. paucicostata* var. *viridis*, gibt

Größe:
2 cm
Blütezeit:
Frühling – Frühsommer

Eriosyce napina

Name: syn. *Neochilenia napina*
Familie: Kakteengewächse (*Cactaceae*)
Herkunft: Chile (südliche Atacama-Wüste im Rio-Huasco-Tal) in Alluvial-Ablagerungen
Aussehen: Blüten gelb, weiß oder rosa; Areolen flockig behaart; flachkugeliger Wuchs; eigentümliche dunkelgrüne oder grünbraune Farbe; oben verengte Rübenwurzel; wenige bis zahlreiche, sehr kurze schwarze Dornen
Standort: am sonnigen Fenster, im Sommer im Freien möglich; im Winter kühl bei 5–10 °C
Pflege: mineralische Erde verwenden; sparsam wässern; im Winter ganz trocken halten; Vermehrung durch Samen, die sich bei gezielter Bestäubung leicht entwickeln
Verwendung: zwergige, sehr hübsche und interessante Kakteen für Fensterbrett oder Wintergarten; eine kleine Sammlung hat auf jedem Fensterbrett Platz
Verwandte: eine große Gruppe Kakteen, heute wissenschaftlich zu *Eriosyce* gestellt, ist noch unter den älteren Namen *Neochilenia* oder *Neoporteria* bekannt und im Handel

Größe:
3–5 cm
Blütezeit:
Sommer

Escobaria hesteri ✲

Familie: Kakteengewächse (*Cactaceae*)
Herkunft: Nordamerika (Texas, Brewster County)
Aussehen: Blüten in hellem Rosa bis intensiv purpurfarben, etwa 2 cm lang und 1,5 cm im Durchmesser; beginnt im Alter zu sprossen und bildet Gruppen, dabei kann jeder Einzelspross 5 cm Durchmesser erreichen
Standort: am sonnigen Fenster; bei Sommerstand im Freien vor Regen schützen; im Winter kühl halten, verträgt sogar Frost
Pflege: stark mineralische Erde verwenden; im Winter unbedingt ganz trocken halten; Vermehrung durch Samen
Verwendung: durch die zweifarbige dichte Bedornung eine Bereicherung; passt gut zu harten *Echinocereus*-Arten
Verwandte: *E. alversonii* (Blüten magentafarben bis rosa), *E. chihuahuensis* (hellrosa bis purpurn), *E. dasyacantha* (rosa bis bräunlich), *E. deserti* (gelbgrün bis strohgelb), *E. tuberculosa* (rosa), *E. zilziana* (hellgelb); bei Regenschutz winterhart sind: *E. missouriensis* (→ Seite 82), *E. orcuttii*, *E. sneedii* (→ Seite 83) und *E. vivipara* (→ Seite 84)

Größe:
5 cm
Blütezeit:
Sommer

Escobaria missouriensis ✻

Namen: syn. *Coryphantha missouriensis*, syn. *Mammillaria missouriensis*, syn. *Neobesseya missouriensis*
Familie: Kakteengewächse (*Cactaceae*)
Herkunft: Nordamerika (zentrales Idaho, North Dakota, Kansas, Nordarizona, westliches New Mexico)
Aussehen: Blüten grünlich gelb über gelb bis rosa, bis 6 cm groß; Sprosse kugelig bis flachkugelig, einzeln oder Gruppen bildend, mit deutlichen, bis 1,8 cm langen Warzen und auffällig rotem Fruchtschmuck
Standort: sehr winterhart bis –35 °C, im Freien gut zu halten; gedeiht aber auch im Haus am sonnigen Fensterbrett; in jedem Fall ist kühle Winterruhe wichtig
Pflege: im Freiland auf gute Dränage und einen regengeschützten Platz achten; Vermehrung hauptsächlich über Samen, selten Stecklinge der Seitensprosse
Verwendung: in winterfesten Pflanzgefäßen, auf Trockensteinmauern und an exponierter Stelle im Pflanzbeet
Verwandte: die Unterart *E. missouriensis* ssp. *asperispina* aus dem Norden Mexikos ist nur bedingt winterhart

Größe:
bis 7,5 cm
Blütezeit:
Sommer

Escobaria sneedii

Name: syn. *Coryphantha sneedii*
Familie: Kakteengewächse (*Cactaceae*)
Herkunft: südliches Nordamerika (Westtexas und New Mexico) sowie der Norden Mexikos
Aussehen: Blüten weiß mit rosa oder magenta Mittelstreif, 1,2–2 cm groß; zylindrische Triebe, bis 2,5 cm im Durchmesser; sprossend kleine Gruppen bildend; ganz in viele kurze, weiße Dornen eingehüllt
Standort: kann dauerhaft im Freien stehen, aber auch im Haus kühl überwintert werden; frische Luft ist willkommen
Pflege: vor zu viel Feuchtigkeit besonders im Winter schützen; Vermehrung durch Stecklinge und Samen
Verwendung: Pflanzungen in winterharter Keramik, im Balkonkasten oder kleinräumig auf Trockensteinmauern
Besonderheiten: in der Natur vom Aussterben bedroht
Verwandte: die Unterart *E. sneedi* ssp. *leei* (ebenfalls winterhart) unterscheidet sich durch die mehr zurückgebogenen Dornen und die bräunlich rosa Blüte; es gibt viele Übergänge zwischen *E. sneedi* ssp. *sneedi* und *E. sneedi* ssp. *leei*

Größe:
bis 7 cm
Blütezeit:
Sommer

Escobaria vivipara

Namen: syn. *Coryphantha vivipara*, syn. *Mammillaria vivipara*
Familie: Kakteengewächse (*Cactaceae*)
Herkunft: südliches Kanada (Alberta, Saskatchewan, Manitoba), Nordamerika, Norden Mexikos (Chihuahua, Coahuila, Sonora)
Aussehen: leuchtend rosa bis violette Blüten, bis 5 cm groß; Körper kugelig, selten einzeln, im Alter sprossend; auffällige Warzen; dunkle Mittel- und weiße Randdornen
Standort: Pflanzen nordamerikanischer Populationen können, gut dräniert, ganzjährig im Freien stehen; bei Haltung im Haus auf kühlen Winterstand achten
Pflege: Nässeschutz im Winter; Vermehrung durch Samen
Verwendung: sehr frosthart bis –35 °C; die auffällige Blütenfarbe ist eine reizvolle Bereicherung in jeder winterharten Pflanzung in Trögen wie in Beeten
Besonderheiten: die Blackfoot essen die Früchte gegen Diarrhö und nutzen die Samen gegen Augenleiden
Verwandte: bis zu 8 Varietäten sind bekannt, die alle mehr oder weniger winterhart sind

Größe:
bis 200 cm
Blütezeit:
Frühjahr – Sommer

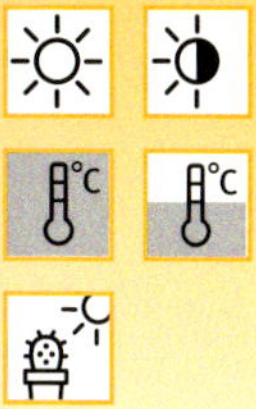

Espostoa guentheri ✲

Name: syn. *Vatricania guentheri*
Familie: Kakteengewächse (*Cactaceae*)
Herkunft: Bolivien (Cochabamba, Chuquisaca, Santa Cruz), im Tiefland um 800–1 400 m
Aussehen: Blüten gelblich weiß, bis 8 cm lang und 3 cm im Durchmesser, aus einem Blühschopf mit 5–6 cm langen Dornen und rotbrauner bis grauer Wolle; in der Jugend eine sehr schöne, goldgelb bedornte, dicke Säule; im Alter strauchig basal (basiton) verzweigte Triebe, bis 10 cm dick
Standort: sonnige Fenster, im Sommer gerne draußen; bei großer Hitze im Hochsommer Wachstumsruhe; im Winter kühler Platz bei 8–15 °C oder auch bis Zimmertemperatur
Pflege: kräftige Wassergaben; frische Luft im Hochsommer günstig; bei kühler Überwinterung völlig trocken lassen, wenig Wasser bei warmer Überwinterung; Vermehrung durch Samen
Verwendung: sehr auffällige, schöne Säule; bildet einen attraktiven Kontrast zu den vielen kugeligen Arten
Verwandte: Es gibt 15 weitere säulenförmige Arten.

Größe: *mehrere Meter*
Blütezeit: *Sommer*

Espostoa lanata ✿

Familie: Kakteengewächse (*Cactaceae*)
Herkunft: südliches Ecuador bis Nordperu
Aussehen: Blüten 4,5–5,5 cm lang; bilden sich erst bei älteren Pflanzen aus einem seitlichen Borstenkopf; sich in ca. 1 m Höhe verzweigender Säulenkaktus; erreicht in der Natur bis zu 7 m Wuchshöhe
Standort: am sonnigen Fenster; warme oder kalte Überwinterung bei einer Mindesttemperatur von 4 °C möglich
Pflege: im Hochsommer 4 Wochen Gießpause einhalten; bei kühler Überwinterung unbedingt trocken halten; Vermehrung durch Samen oder Stecklinge
Verwendung: große Pflanzen als attraktiver Blickfang
Besonderheiten: Die wolligen Haare des seitlichen Borstenschopfs (Lateralcephalium) wurden früher zur Füllung von Kopfkissen genutzt.
Verwandte: *E. blossfeldiorum* (früher *Thrixanthocereus*, cremegelbe Blüten), *E. frutescens* (weiß), *E. guentheri* (früher *Vatricania*, → Seite 85), *E. melanostele* (weiß), *E. senilis* (früher *Thrixanthocereus*, purpurn)

Größe:
200–400 cm
Blütezeit:
Frühjahr – Sommer

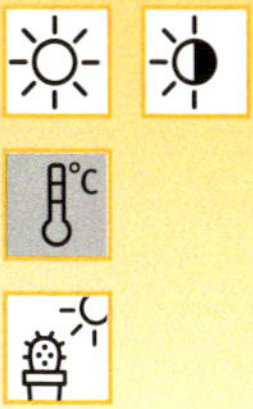

Espostoopsis dybowskii ✿

Namen: syn. *Austrocephalocereus dybowskii*, syn. *Gerocephalus dybowskii*
Familie: Kakteengewächse (*Cactaceae*)
Herkunft: Brasilien im Bundesstaat Bahia
Aussehen: Blüten weiß, bis 4 cm lang, erst bei älteren Exemplaren aus einem seitlichen Borstenschopf (Cephalium), sich nachts öffnend; Triebe bis 8 cm dick, verzweigen sich an der Basis; ganz von weißen Haaren verdeckt, nur die 2–3 cm langen, gelben Mitteldornen ragen etwas hervor
Standort: kann ganzjährig am sonnigen bis halbsonnigen Fenster stehen, verträgt aber auch den Sommer auf der Terrasse; im Winter nicht kälter als 10 °C
Pflege: bei warmem Winterstand alle 2–3 Wochen mäßig gießen, bei kühler Überwinterung trocken lassen; Vermehrung durch Samen
Verwendung: durch die weißwollige, säulenförmige Erscheinung ein willkommener Kontrast zu kugeligen Arten wie *Gymnocalycium*, *Notocactus* oder *Parodia*
Verwandte: keine, da monotypisch

Größe: *40–80 cm*
Blütezeit: *Sommer*

Ferocactus cylindraceus ✲

Namen: Zylinder-Tonnenkaktus, syn. *Ferocactus acanthodes*
Familie: Kakteengewächse (*Cactaceae*)
Herkunft: Südwesten von Nordamerika bis Mexiko (Baja California)
Aussehen: Blüten gelb bis orangefarben, erst in hohem Alter; wächst in der Jugend kugelig, später dicksäulig bis 3 m Höhe
Standort: am sonnigen Fenster, im Sommer auch im Freien; im Winter kühl bei mindestens 8 °C oder warm im beheizten Zimmer
Pflege: sehr robuste, pflegeleichte Pflanze; bei kühler Überwinterung nicht gießen, auch bei warmem Winterstandort nur ganz wenig gießen; Vermehrung durch Samen
Verwendung: hervorragend für die Innenraumgestaltung
Besonderheiten: einer der größten Kugelkakteen; besonders kräftige und breite Bedornung
Verwandte: *F. chrysacanthus* (leuchtend gelbe Dornen), *F. echidne* (gelbe Blüten), *F. gracilis* (intensiv rote Dornen), *F. latispinus* (flache, breite, rote Dornen), *F. pilosus* (rote Dornen), *F. viridescens* (grünlich gelbe Blüten)

Größe:
1–2 cm
Blütezeit:
Frühjahr – Sommer

Frailea angelesiae ✿

Familie: Kakteengewächse (*Cactaceae*)
Herkunft: Argentinien (Provinz Entre Rios bei Colonia)
Aussehen: Blüten gelb, 2–2,5 cm groß; selbstfertil, das heißt: meist bestäuben sich die Blüten in geschlossenem Zustand selbst; auffällig auberginefarbener Zwergkaktus
Standort: hell, jedoch vor praller Mittagssonne schützen; ganzjährig warm, geschützt auch im Sommer im Freien
Pflege: ausreichende Wassergaben im Hochsommer, bei großer Hitze bis zweimal pro Woche; im Winter bei Zimmertemperatur alle 1–2 Wochen wenig gießen; Vermehrung durch Samen, die rein und in großer Zahl laufend produziert werden, sie keimen sehr gut und schnell
Verwendung: Zwergpflanze für das Fensterbrett
Besonderheiten: Die auberginefarbene Pflanze ist durch Industrialisierung im Bestand bedroht.
Verwandte: *F. castanea* (inklusive *F. asterioides,* hellgelbe Blüten bis 4 cm), *F. curvispina, F. gracillima* (Blüten bis 5 cm), *F. mammifera* (trichterförmige Blüten), *F. pumila, F. pygmaea, F. schilinzkyana* (schwefelgelbe Blüten bis 4,5 cm)

Größe:
5 cm
Blütezeit:
Frühjahr – Sommer

Gymnocalycium andreae ✿

Familie: Kakteengewächse (*Cactaceae*)
Herkunft: Argentinien (Córdoba), in 1500–2000 m Höhe
Aussehen: schwefelgelbe Blüten, 4–5 cm im Durchmesser, erscheinen schon an ganz jungen Pflanzen; bildet durch Sprossung Gruppen von bis zu 15 cm Durchmesser
Standort: Überwinterung warm am Fenster oder auch kühl bei 5–10 °C möglich, erträgt kurzzeitig sogar Minusgrade; pralle Mittagssonne führt zu rötlicher Färbung der Pflanze
Pflege: bei kühlem Winterstand von Dez. bis Feb. nicht gießen, bei Zimmertemperatur etwa alle 2 Wochen; Vermehrung durch Samen oder Stecklinge der Seitensprosse
Verwendung: anspruchslose, blühfreudige Art für Fensterbrett, Wintergarten; im Sommer Balkon, Terrasse und Garten
Besonderheiten: alle Arten universell einsetzbar, sowohl bei kühler als auch bei warmer Überwinterung sehr pflegeleicht
Verwandte: *G. cardenasianum* (herrlich kräftige Bedornung), *G. mihanovichii* (blüht gelblich grün bis hell-olivgrün), *G. ragonesei* (schlanke, weiße Blüten), *G. tillianum* (blüht rot), *G. uruguayense* (blüht gelb)

Größe:
4–10 cm
Blütezeit:
April – Sept.

Gymnocalycium baldianum ✿

Familie: Kakteengewächse (*Cactaceae*)
Herkunft: Argentinien (Catamarca), in 1000–2000 m Höhe
Aussehen: rosarote bis tiefrote oder purpurne, 3–5 cm große Blüten; flachkugeliger Körper, 6–7 cm im Durchmesser, graugrün bis bläulich grün, mit knolliger Rübe; anfangs einzeln, im Alter zu Gruppen sprossend; mit höckrigen, gerundeten Rippen
Standort: sonnige bis halbsonnnige Fenster, vor praller Sonne schützen; kann kühl ab 5 °C oder warm überwintern
Pflege: sehr anpassungsfähig; bei warmem Winterstand mäßig gießen, bei kühlem trocken stehen lassen; Vermehrung durch Samen
Verwendung: pflegeleichter, blühfreudiger Alleskönner; für jedes auch nur wenig besonnte Fensterbrett, kühle und warme Zimmer, Büros und Wintergärten; selbst auf Terrasse und Balkon fühlt er sich wohl, wenn vor praller Sonne geschützt
Besonderheiten: Die meisten *Gymnocalycium*-Arten blühen weiß, rosa oder cremefarben; nur sehr wenige zeigen eine kräftig gelbe Blüte oder, wie *G. baldianum*, eine rote.

Größe:
15 cm
Blütezeit:
Sommer

Gymnocalycium buenekeri ✿

Name: *G. horstii* var. *buenekeri*
Familie: Kakteengewächse (*Cactaceae*)
Herkunft: Brasilien (Rio Grande do Sul)
Aussehen: Blüten bis 6,5 cm groß, haben eine seltene Farbe: hell pfirsichrosa bis rosarot; Wuchs anfangs kugelig und einzeln, später Gruppen bildend; auffällige mattgrüne Körper mit 5 breit gerundeten Rippen und wenigen anliegenden, hellgelben Dornen
Standort: sonnige und halbsonnige Fenster sowie im Sommer im Freien, jedoch pralle Sonne vermeiden; Überwinterung warm oder kühl bei 10–15 °C
Pflege: bei warmem Winterstand mäßig gießen, bei kühlem an warmen Tagen ab und zu überbrausen, ansonsten trocken stehen lassen; Vermehrung durch Samen
Verwendung: für jedes auch nur wenig besonnte Fensterbrett, kühle und warme Zimmer, Büros, Wintergärten; Kombinationen sind mit vielen anderen Arten möglich: *Coleocephalocereus, Espostoopsis, Notocactus, Parodia,* selbst *Aloe, Euphorbia* und *Pachypodium* sowie Agaven

Größe:
3–5 cm
Blütezeit:
Spätfrühling – Sommer

Gymnocalycium 'Red Cap' ✲

Namen: Erdbeerkaktus, *G. mihanovichii* 'Red Cap', *G. mihanovichii* 'Rubrum'
Familie: Kakteengewächse (*Cactaceae*)
Herkunft: Kultivar; die Mutterpflanzen dieser Zuchtform kommen in Paraguay und im nordöstlichen Argentinien vor
Aussehen: da der grüne Farbstoff (Chlorophyll) fehlt, erscheint die Pflanze rot, deshalb Pfropfung nötig: die grüne Unterlage übernimmt Photosynthese für die gesamte Pflanze
Standort: ganzjährig bei Zimmertemperatur halten; am halbsonnigen oder hellen Fenster
Pflege: auf *Hylocereus* veredelt; wöchentliches Gießen und regelmäßige Düngergaben erforderlich; Vermehrung durch Pfropfen der Seitentriebe
Verwendung: für das Fensterbrett bei Zimmertemperatur
Besonderheiten: Die erste rote Form entstand 1941 in der japanischen Gärtnerei Watanabe, als aus 10 000 Samen zwei rote Exemplare keimten.
Verwandte: Es wurden auch hellrosa, lila, fast schwarze, orangenfarbene, gelbe und marmorierte Formen gezüchtet.

Größe:
20–30 cm
Blütezeit:
Juni – Sept.

Gymnocalycium saglionis ✿

Familie: Kakteengewächse (*Cactaceae*)
Herkunft: Nordargentinien
Aussehen: breit trichterförmige Blüten, 3–4,5 cm groß, weiß oder zartrosa mit weißem Schlund; einzeln bleibende Kugeln, trübgrün bis blaugrün; 15–30 Rippen mit auffälligen, gerundeten Höckern
Standort: diese sehr tolerante Art verträgt die volle Sonne auf der Terrasse bis zum halbsonnigen Standort am Fenster, das ganzjährig beheizte Zimmer ebenso wie den kühlen Winterstand bei 8–10 °C
Pflege: bei vollsonnigem und warmem Stand im Sommer wöchentliche Wassergaben, bei warmem Winterstand alle 2 Wochen wenig Wasser, bei kühlem Winterstand völlig trocken halten; die Vermehrung erfolgt durch Samen
Verwendung: durch die langlebigen, willig erscheinenden, schönen Blüten ein willkommener Schmuck, der mit beinahe allen anderen Arten zu kombinieren ist
Verwandte: Die Unterart *G. saglionis* ssp. *tilcarense* bildet im Alter dicke, kurze Säulen bis 80 cm Höhe.

Größe:
100–200 cm
Blütezeit:
Sommer

Harrisia 'Jusbertii' ✿

Name: syn. *Eriocereus jusbertii*
Familie: Kakteengewächse (*Cactaceae*)
Herkunft: ungeklärt, da nie in der Natur gefunden; vermutlich Kreuzung aus *Harrisia* und *Echinopsis* oder Mutante
Aussehen: große, reinweiße Blüten, bis 18 cm lang; schlanke Säulen, maximal 4–6 cm dick; kurze Dornen, anfangs rotbraun, später vergrauend
Standort: kann ohne Schaden warm überwintert werden; verträgt es aber auch bis 5 °C kühl, dann ganz trocken
Pflege: bei warmer Überwinterung geringe Wassergaben alle 3–4 Wochen, bei kühlem Winterstand trocken halten; Vermehrung durch Samen und Stecklinge
Verwendung: Sämlinge wachsen krumm, erst Stecklinge bleiben gerade und sind gut als Pfropfunterlage geeignet, wofür diese Art vielfach Verwendung findet
Besonderheiten: die große weiße Blüte kann mit *Selenicereus grandiflorus* (→ Seite 151) konkurrieren
Verwandte: 21 weitere Arten, selten in Kultur; *H.* (syn. *E.*) *bonplandii* findet in der Heilmittelindustrie Verwendung

Größe:
40 cm
Blütezeit:
April – Mai

Hatiora salicornioides

Familie: Kakteengewächse (*Cactaceae*)
Herkunft: Brasilien (Rio de Janeiro und Minas Gerais)
Aussehen: Blüten sattgelb, 1–2 cm groß und glockig, alle Blütenblätter sind symmetrisch im Kreis angeordnet; aufrechter, strauchiger Epiphyt, dessen Seitentriebe leicht überhängen; kleine, keulenförmige Sprosse, die sich reich verzweigen
Standort: am sonnigen Fensterbrett, aber pralle Sonne vermeiden; ganzjährig mindestens 12–17 °C
Pflege: das ganze Jahr hindurch auf gleichmäßige Feuchtigkeit achten, im Sommer bei hohen Temperaturen auch zweimal wöchentlich gießen; Vermehrung durch Stecklinge, aber auch durch Samen möglich
Verwendung: für das helle, aber nicht sonnige Fensterbrett
Besonderheiten: Zu dieser Gattung gehören auch die Osterkakteen (*Hatiora*-Hybriden), die noch häufig unter dem älteren Namen *Rhipsalidopsis* gehandelt werden.
Verwandte: *H. epiphylloides* mit gelben Blüten, *H. gaertneri* (eine der Urmütter der Osterkakteen), *H. herminiae* (rosa bis magenta; schwer zu halten) sowie *H. rosea* (rosa Blüten)

Größe:
60–80 cm
Blütezeit:
Juni – Juli

Hildewintera aureispina ✲

Name: heute als *Cleistocactus winteri* beschrieben
Familie: Kakteengewächse (*Cactaceae*)
Herkunft: Bolivien (Provinzen Florida, Santa Cruz)
Aussehen: Blüten orangerot, bis zu 5 cm im Durchmesser; bei der Sorte 'Helms Neue' (→ Abb.) gefüllte, rote Blüten; schlanke Triebe, die 1,5 m Länge erreichen können, 2–2,5 cm dick; hängend oder am Boden kriechend; kurze, dichte Dornen, die durch ihre goldgelbe Farbe auffallen
Standort: am sonnigen Fenster; verträgt sehr gut kühle Wintertemperaturen ab 5 °C, kann aber auch bei Zimmertemperatur überwintert werden
Pflege: bei warmer Überwinterung ist ein sehr heller Standort wichtig sowie geringe Wassergaben alle 3–4 Wochen; bei kühlem Winterstand trocken halten; Vermehrung durch Stecklinge oder Samen, aus dem Pflanzen wachsen, die schöner überhängen als die stecklingsvermehrten Exemplare
Verwendung: geeignet als Bodendecker und Ampelpflanze
Verwandte: in Bolivien wurde erst kürzlich *H. colademononis* (syn. *H. polonica*) mit weißlichen Dornen entdeckt

Größe:
bis 50 cm, hängend
Blütezeit:
Spätsommer – Herbst

Lepismium cruciforme ✿

Name: Kreuzförmige Schuppenrhipsalis
Familie: Kakteengewächse (*Cactaceae*)
Herkunft: weit verbreitet im Nordosten Brasiliens, in Paraguay und Nordargentinien
Aussehen: Blüten cremefarben, gelb, rosa oder selten magenta, gut 1 cm groß, einzeln oder zu Büscheln, bis 5 pro wolliger Areole; sich schwach verzweigende, 3- bis 5-kantig geflügelte, kriechende bis hängende Triebe, bis 2 cm breit mit auffällig gekerbten Rändern; keine oder fast keine Bedornung
Standort: jeder helle Platz im Zimmer ist gut geeignet, pralle Sonne jedoch vermeiden; im Sommer gerne im Freien im Schatten von Bäumen; im Winter nicht unter 12–15 °C
Pflege: wöchentliche Wassergaben; Gießruhe 4 Wochen lang nach dem Verblühen; Vermehrung durch Stecklinge
Verwendung: als Ampelpflanze sehr gut geeignet für die Bereiche im Zimmer, die für die meisten anderen Kakteen nicht sonnig genug sind; ein schöner Schmuck im Bad
Besonderheiten: gehört sehr nah in die Verwandtschaft mit *Rhipsalis* und ist auch wie diese zu pflegen

Größe:
bis 200 cm, hängend
Blütezeit:
Jan. – Feb.

Lepismium houlletianum

Namen: syn. *Acanthorhipsalis houlletiana*, syn. *Rhipsalis houlletiana*
Familie: Kakteengewächse (*Cactaceae*)
Herkunft: Süd- und Ostbrasilien, Nordosten Argentiniens, möglicherweise auch in Bolivien verbreitet
Aussehen: Blüten cremeweiß, bis 2 cm lang, sich nicht weit öffnend, erscheinen oft in Gruppen; die hängenden, blattartig abgeflachten Triebe sind tief sägezahnartig gekerbt und leuchtend grün ohne jede Bedornung; wächst epiphytisch von Bäumen und Felsen herabhängend; nach der Blüte können sich auffällige rote bis schwarze Früchte bilden
Standort: ganzjährig im beheizten Zimmer, im Sommer auch im Schatten im Freien zu halten; nicht unter 15 °C
Pflege: wöchentliche Wassergaben, bei Hitze auch zweimal wöchentlich; auf alle Fälle pralle Sonne vermeiden; Vermehrung durch Stecklinge ausgereifter Triebe (in Torf-Sand-Gemisch geben) sowie durch Samen, die mühsam vom klebrigen Fruchtfleich gereinigt werden müssen
Verwendung: als Ampelpflanze im Schatten sehr attraktiv

Größe: *45 cm, hängend*
Blütezeit: *Sommer – Herbst*

Lepismium monacanthum ✿

Namen: Synonyme *Acanthorhipsalis monacantha, Pfeiffera monacantha, Rhipsalis monacantha*
Familie: Kakteengewächse (*Cactaceae*)
Herkunft: Südostbolivien, nordwestliches Argentinien, in 300–2000 m Höhe
Aussehen: Blüten orange, bis 1,5 cm lang; seitlich an den oberen Triebsegmenten; wächst epiphytisch; reich verzweigend, anfangs aufrecht, später hängend; Triebe zweikantig abgeflacht oder dreikantig, mit gesägtem Rand; 1–2 stechende, bis 1 cm lange Dornen aus gelbwolligen Areolen
Standort: hell, verträgt Morgen- und Abendsonne, aber keine pralle Sonne; nicht unter 12–15 °C
Pflege: das ganze Jahr hindurch 1- bis 2-mal pro Woche gießen; 4 Wochen Ruhepause nach der Blüte
Verwendung: als Ampelpflanze sehr dekorativ
Besonderheiten: ungewöhnlich für Kakteen ist die Besiedlung des feuchten, tropischen Regenwaldes; doch trotz der häufigen Niederschläge ist die Baumkrone ein trockener Standort, da sie kein Wasser speichern kann

Größe:
bis 6 cm
Blütezeit:
Frühjahr – Herbst

Lophophora williamsii

Namen: Pejote, Peyotl, Mescal, syn. *Anhalonium williamsii*
Familie: Kakteengewächse (*Cactaceae*)
Herkunft: südliches Nordamerika (West- bis Südtexas) und Nordmexiko
Aussehen: Blüten meist hellrosa bis rosa, bei *L. williamsii* var. *jourdaniana* (→ Abb.) dunkelrosa, 1–2,2 cm groß; Köpfe bis 11 cm Durchmesser, kugelig oder abgeflacht; bläulich bis rötlich grün; mächtige kurze Rüben bildend; einzeln oder sprossend
Standort: liebt warme, sonnige Plätze am Fenster; im Sommer vor Regen geschützt auch im Freien möglich; im Winter nicht unter 12 °C
Pflege: rein mineralische, gut durchlässige Erde; erst bei Temperaturen über 20 °C selten kräftige Wassergaben
Verwendung: „Kultstatus"; verlangt würdigen Einzelplatz
Besonderheiten: seit ca. 7000 Jahren Bestandteil religiöser Rituale, die – von der Ernte bis zum festlichen Verzehr – den Weg zu göttlichen Offenbarungen frei machen sollen und das Bewusstsein erweitert; Inhaltsstoffe sind über 50 Alkaloide, darunter Meskalin

Größe:
bis 10 cm
Blütezeit:
Sommer

Maihuenia poeppigii

Familie: Kakteengewächse (*Cactaceae*)
Herkunft: Südchile, südwestliches Argentinien; in Wäldern und im offenen Schutt; bis in 2200 m Höhe
Aussehen: schwefelgelbe Blüten am Ende der keulenförmigen, bis 10 cm hohen und 1–2 cm dicken, sich verzweigenden Triebe; bis 1 cm lange und 2 mm dicke, nadelförmige, grüne, fleischige Blättchen; von Mitteldornen um 1,5 cm überragt; sie bilden Polster von bis zu 2 m Durchmesser
Standort: am besten ganzjährig im Freien, verträgt bis –15 °C; im Haus nur sonnig, bei viel frischer Luft und unter 5 °C im Winter
Pflege: auf genügend Feuchtigkeit auch im Winter achten; Vermehrung durch Stecklinge; spätestens 2 Wochen nach dem Schnitt in stark mineralische Erde stecken
Verwendung: eine besondere, winterharte Art für Trockensteinmauern, Tröge und auch offene Beete zwischen Steinen
Verwandte: nur noch eine weitere Art bekannt, die weiß blühende *M. patagonica*, die allerdings so gut wie nie in Kultur zu finden ist

Größe:
30–40 cm
Blütezeit:
Feb. – Juni

Mammillaria ernestii ✲

Name: botanisch *M. backebergiana* ssp. *ernestii*
Familie: Kakteengewächse (*Cactaceae*)
Herkunft: Mexiko (Tonatico)
Aussehen: Blüten im Kranz um den Scheitel, purpurrot bis 2 cm lang und 1,3 cm breit; Körper zylindrisch, 5–6 cm Durchmesser, dunkelgrün; Dornen honiggelblich, bis 1 cm lang
Standort: sonniges Fenster, im Sommer auch im Freien möglich; aber ganz wichtig: zur Blütenbildung eine kühle, trockene Winterruhe unter 15 °C, aber über 5 °C einhalten
Pflege: während der Winterruhe unbedingt völlig trocken halten, erste Wassergaben, wenn die Knospen 1 cm lang sind
Verwendung: passt gut zu anderen „Kakteenklassikern" wie *Echinopsis, Rebutia* und *Stenocactus*
Besonderheiten: die Blütenkränze erscheinen je nach Temperatur- und Lichtverhältnissen von Februar/März bis in den Sommer hinein in mehreren Schüben immer wieder
Verwandte: unter den über 170 Arten blühen ebenso sehr früh im Jahr: *M. carmenae, M. crinita, M. laui, M. longiflora, M. rekoi, M. vetula, M. zeilmanniana*

Größe:
bis 10 cm
Blütezeit:
Jan. – Okt.

Mammillaria gracilis ✿

Name: heute *M. vetula* ssp. *gracilis*
Familie: Kakteengewächse (*Cactaceae*)
Herkunft: Mexiko (Hidalgo und Querétaro)
Aussehen: weiße, 1,2 cm große Blüten, immer wieder in Schüben erscheinend; die kleinen Sprosse sind dicht weiß bedornt und bilden bald kräftig sprossend kleine Gruppen; attraktive rote Früchte
Standort: sonnige Fenster; ab Oktober trocken und kühl; mit Erscheinen der ersten Blüten kann man ihn warm stellen
Pflege: mit Erscheinen der ersten Blüten im Jahr mit wöchentlichen Wassergaben beginnen; ab Oktober das Wässern einstellen; Vermehrung durch die leicht abfallenden Seitensprosse sowie durch Samen möglich
Verwendung: Noch im Winter begrüßen uns die ersten Blüten und begleiten durch das Jahr. Am Fensterbrett sehr schön in kleiner Schale zusammen mit *M.* (syn. *Dolichothele*) *surculosa* und *Rebutia minuscula.*
Verwandte: Die Sorte 'Antje' ist eine dunkelrosa blühende Hybride, die ebenfalls schon im Winter erblüht.

Größe:
7 cm
Blütezeit:
Mai – Juni

Mammillaria guelzowiana

Name: syn. *Krainzia guelzowiana*
Familie: Kakteengewächse (*Cactaceae*)
Herkunft: Mexiko (Durango); kommt vor allem im Gebirge auf Fels vor
Aussehen: bis 7 cm große, leuchtend purpurrote Blüten, die mit 4–5 Tagen Blühdauer sehr langlebig sind; wächst anfangs einzeln, Triebe bis 10 cm Durchmesser, später sprossend; weiß behaart mit rötlich braunen, gehakten Mitteldornen
Standort: sonnige Fenster, im Sommer im Freien mit Regenschutz; ganz wichtig ist ein kühler und trockener Winterstand
Pflege: rein mineralische, gut durchlässige Erde; gießen nur bei Temperaturen über 20 °C, stehende Nässe auf alle Fälle vermeiden; Vermehrung durch Samen
Verwendung: ein Feuerwerk an Blüten begeistert am Zimmerfenster und im Wintergarten
Besonderheiten: eine der schönsten Warzenkakteen
Verwandte: *M. longiflora*, ebenfalls mit rosaroten, bis 3 cm großen Blüten, gehört ebenso zur Gattung *Krainzia*, die bei *Mammillaria* eingegliedert wurde.

Größe:
bis 10 cm
Blütezeit:
Juni – Juli

Mammillaria schumannii

Name: syn. *Bartschella schumannii*
Familie: Kakteengewächse (*Cactaceae*)
Herkunft: Mexiko, im Süden der Baja California
Aussehen: auffällige, für *Mammillaria* sehr große, rosarote Blüten, 3–4 cm groß; die graugrünen, manchmal mit violettem Hauch gefärbten, kurzsäuligen Triebe bilden sprossend Gruppen; *M. schumannii* fa. *globosa* hat kugelige Sprosse, meist mit einem auffälligen, gehakten Mitteldorn
Standort: kann die Winterruhe ohne weiteres am kühlen Schlafzimmerfenster oder im Treppenhaus verbringen, den Sommer sowohl am sonnigen Fenster als auch im Freien
Pflege: stark oder rein mineralische Erdmischungen; Winterstand trocken und kühl, aber nicht unter 8 °C; Vermehrung über die in größerer Zahl gebildeten Samen
Verwendung: sehr schön zu anderen „Kakteenklassikern" wie *Echinopsis chamaecereus* (→ Seite 67), *Mammillaria*, *Rebutia* oder klein bleibenden *Echinocereus*-Arten
Verwandte: früher eigene Gattungen, werden *Bartschella*, *Cochemiea* und *Dolichothele* heute zu *Mammillaria* gestellt

Größe:
bis 20 cm
Blütezeit:
Sommer

Mammillaria slevinii

Name: botanisch *M. albicans* fa. *slevinii*
Familie: Kakteengewächse (*Cactaceae*)
Herkunft: Mexiko (Baja California und benachbarte Inseln)
Aussehen: 2 cm große, weiße bis hellrosa Blüten mit dunkelrosa Mittelstreif; Körper bis 6 cm Durchmesser, anfangs einzeln, später an der Basis sprossend und Gruppen bildend; braunspitziger mittlerer Hakendorn und weiße Randdornen
Standort: am sonnigen Fenster; im Winter bei 10–15 °C, ab März bei Zimmertemperatur, im Sommer auch im Freien
Pflege: trockene Winterruhe, ab März wöchentliche Wassergaben; Vermehrung durch Samen
Verwendung: für den kühlen Wintergarten, im Zimmer ab März, im Sommer auch auf Terrasse und Balkon; Kombinationen mit *Echinopsis, Espostoa, Rebutia* und *Stenocactus*
Verwandte: *M. albicans* fa. *albicans* hat hellrosa Blüten; weitere „Niederkalifornier" lohnend wegen ihrer großen Blüten, die oft noch im Sommer erscheinen: *M. armillata, M. blossfeldiana, M. dioica, M. fraileana, M. hutchisoniana, M. insularis,* alle mit weißlich rosa bis rosa Blüten mit Mittelstreif

Größe:
3 cm
Blütezeit:
Juni

Mammillaria surculosa ✲

Name: gebräuchliches Synonym ist *Dolichothele surculosa*
Familie: Kakteengewächse (*Cactaceae*)
Herkunft: Mexiko (Tamaulipas und San Luis Potosí)
Aussehen: schwefelgelbe, 1,8 cm große, langlebige Blüten, die leicht süßlich duften; kleine, 2 cm dicke Triebe, die stark sprossend Gruppen bilden; lange Warzen mit gelbbraunen Hakendornen
Standort: am sonnigen Fenster, aber im Sommer auch im Freien möglich, vor praller Mittagssonne schützen; im Winter unbedingt kühl halten
Pflege: eine robuste und dankbare Art; ab März wöchentlich wässern, im Winter Trockenruhezeit einhalten; Vermehrung ist durch Stecklinge von Seitentrieben möglich sowie durch Samen
Verwendung: schöner Farbkontrast zu anderen Warzenkakteen am Fenster; im Sommer auf Terrasse und Balkon
Verwandte: die groß und gelb blühenden Arten *M. baumii, M. beneckei, M. longimamma, M. melaleuca* und *M. sphaerica* sind auch unter der Gattung *Dolichothele* bekannt

Größe:
etwa 8 cm
Blütezeit:
April – Sept.

Mammillaria zeilmanniana ✿

Namen: Zeilmanns Warzenkaktus; heute zu *M. crinita* gestellt
Familie: Kakteengewächse (*Cactaceae*)
Herkunft: Mexiko (Guanajato)
Aussehen: Blüten in Kränzen, karminviolett bis purpurrosa; Wuchs kugelig bis oval; einzeln bis wenig sprossend
Standort: von Frühjahr bis Herbst am sonnigen Fensterbrett, im Sommer auch im Freien; im Winter kühl bei 5–15 °C
Pflege: in der Ruhezeit völlig trocken halten, da nur dann die Blütenanlage für das folgende Frühjahr induziert wird – je wärmer, desto länger muss die Ruhezeit sein; Vermehrung durch Samen
Verwendung: pflegeleichter, blühwilliger Kakteenklassiker, für das Fenster, im Sommer auf Terrasse und Balkon
Besonderheiten: *Mammillaria* ist eine der umfangreichsten und populärsten Kakteengattungen mit über 170 Arten.
Verwandte: die weiß blühende Form *M. zeilmanniana* fa. *albiflora; M. bombycina* (Blüten lilarosa bis weiß), *M. carmenae* (weiß bis rosa), *M. elongata* (hellgelb bis rosa), *M. fraileana* (rosa mit dunklerem Mittelnerv), *M. insularis* (hellrosa)

Größe:
10 cm
Blütezeit:
Sommer

Matucana madisoniorum

Name: syn. *Submatucana madisoniorum*
Familie: Kakteengewächse (*Cactaceae*)
Herkunft: Peru (Department Amazonas, Provinz Bagua); in warmen Flusstälern in 400–1 000 m Höhe
Aussehen: Blüten karminrot, 5–7 cm groß, erscheinen in mehreren Schüben mehrmals im Jahr; kugeliger Wuchs, im Alter etwas länglich; wenige, kräftige Dornen
Standort: am sonnigen Fensterbrett, im Sommer im Freien; kann warm oder kalt überwintert werden; temperaturempfindlichste Art dieser Gattung, nicht unter 12 °C halten
Pflege: organisch-mineralische Erdmischung verwenden; kann in Schalen gepflanzt werden, da flach wurzelnd; Vermehrung durch Samen
Verwendung: begehrter Blickfang für jede Sammlung
Besonderheiten: Bestand am Standort ist stark dezimiert, das Überleben dieser Art in der Natur ist fraglich
Verwandte: *M. aurantiaca* (orangerote Blüten), *M. aureiflora* (einzige gelb blühende Art), *M. huagalensis* (hellrosa bis weiß), *M. paucicostata* (rot), *M. polzii* (karminrot)

Größe:
7–9 cm
Blütezeit:
Frühjahr – Herbst

Melocactus matanzanus

Name: Melonenkaktus
Familie: Kakteengewächse (*Cactaceae*)
Herkunft: Norden Kubas
Aussehen: Blüten rosa bis lilafarben, 1–2 cm lang, aber nur ca. 0,5 cm im Durchmesser; entwickeln sich aus einem endständigen Borstenschopf (Cephalium); werden in der Natur meist durch Kolibris bestäubt; Wuchs kugelig, nie sprossend; eine der kleinsten Arten der Gattung
Standort: am sonnigen Fenster, im warmen Wintergarten; auch im Winter warm, keinesfalls unter 15 °C
Pflege: im Sommer regelmäßig gießen, im Winter alle 3–4 Wochen überbrausen; Vermehrung durch Samen
Verwendung: ideal für das Fenster in geheizten Räumen
Besonderheiten: Melokakteen haben zwei Lebensphasen: eine Jugendform ohne Blüten und eine Altersform, in der nur noch das Cephalium wächst und Blüten produziert.
Verwandte: *M. azureus* (stahlblauer Körper), *M. bahiensis* (rosa-magentafarbene Blüten), *M. glaucescens* (hellblauer Körper, weißes Cephalium), *M. neryi* (rosa-karminrot)

Größe:
80–120 cm
Blütezeit:
Frühjahr

Myrtillocactus geometrizans ✲

Name: Heidelbeerkaktus
Familie: Kakteengewächse (*Cactaceae*)
Herkunft: Zentral- und Nordmexiko, dort weit verbreitet und oft dichte Bestände im Buschland bildend
Aussehen: Blüten weiß bis grünlich, 2,5–3,5 cm groß, bis zu 10 aus einer Areole, erscheinen aber erst an älteren Pflanzen üppig; säulenförmiger Wuchs, der sich später verzweigt; in der Natur bis zu 4 m hoch und stark verzweigte Bäume bildend
Standort: am sonnigen Fenster; Winterstand sowohl bei Zimmertemperatur als auch kühl bei mindestens 8 °C möglich
Pflege: auf gute Nährstoffversorgung achten; nicht mit ölhaltigen Mitteln behandeln, da sonst die blaue Bereifung leidet; Vermehrung durch Samen oder Stecklinge; da diese sehr lang zum Wurzeln brauchen, mit Bewurzelungspulver behandeln
Verwendung: durch die blaue Farbe Blickfang am Fenster
Besonderheiten: in Mexiko werden die heidelbeerartigen Früchte als Obst geerntet und gegessen
Verwandte: *M. eichlamii* (bläulich grüner Körper), *M. schenckii* (dunkelgrün); sind kaum in Kultur verbreitet

Größe:
bis 13 m
Blütezeit:
Sommer

Neobuxbaumia polylopha ✲

Name: Vielrippige Neobuxbaumia
Familie: Kakteengewächse (*Cactaceae*)
Herkunft: Mexiko (Hidalgo, Querétaro, Guanajuato sowie San Luis Potosí)
Aussehen: Blüten 4–6 cm lang, bis 3,5 cm breit, dunkelrot, in Triebspitzennähe erst an älteren Pflanzen, öffnen sich bei Nacht; einzelne, sich nicht verzweigende Säulen, bis 50 cm dick, bis 36 Rippen; Dornen dünn, bis 2 cm lang, unauffällig
Standort: ganzjährig am sonnigen warmen Fenster; aber auch im Sommer im Freien möglich, nicht unter 10 °C
Pflege: bei warmer Überwinterung alle 2–4 Wochen sparsam wässern; Vermehrung durch Samen
Verwendung: attraktive, dicke Säulen größerer Exemplare sind ideal für den dekorativen Einzelstand; kleine Pflanzen passen gut zu *Gymnocalycium*, *Notocactus* und *Parodia*
Verwandte: ebenfalls in der Natur spektakuläre Wälder bilden *N. euphorbioides*, *N. macrocephala*, *N. mezcalaensis*, *N. multiareolata*, *N. scoparia*, *N. squamulosa* und *N. tetetzo*, die alle relativ kleine, nächtliche Blüten hervorbringen

Größe:
bis 10 cm
Blütezeit:
Sommer

Neowerdermannia vorwerkii

Familie: Kakteengewächse (*Cactaceae*)
Herkunft: Bolivien, Nordargentinien, Hochlagen der Puna-Vegetation auf 3000–4000 m Höhe
Aussehen: Blüten weiß oder hell bis leuchtend lilarosa, 1,8–2 cm groß; flachkugeliger, dunkelgraugrüner, spitzhöckriger Körper, der kaum aus dem Boden ragt
Standort: sonnige Plätze im Haus oder im Sommer im Freien, vor großer Hitze schützen; Winterruhe trocken und kühl
Pflege: durchlässige, stark mineralische Erde verwenden; in der Winterruhe völlig trocken halten; Vermehrung durch Samen
Verwendung: eine merkwürdige Art, sehr selten in Kultur; passt gut zu *Echinopsis-*, *Rebutia-* und *Sulcorebutia-*Arten
Besonderheiten: die verdickten Pfahlwurzeln und der Pflanzenkörper sind essbar und als „Achacama“ bekannt; im Hochland von Bolivien werden jährlich 30000 Exemplare dieser Art für religiöse Feste gesammelt und zubereitet
Verwandte: nur noch eine zweite Art, *N. chilensis*, mit einer weiteren Unterart, *N. chilensis* ssp. *peruviana*

Größe:
bis 17 cm
Blütezeit:
April – Juli

Notocactus crassigibbus ✿

Name: heute als *Parodia crassigibba* bezeichnet
Familie: Kakteengewächse (*Cactaceae*)
Herkunft: Südbrasilien (Rio Grande do Sul)
Aussehen: schwefelgelbe, bis 6 cm große Blüten (es soll auch rötlich purpurne geben) mit dunkelpurpurroten Narben; Wuchs einzeln, flachkugelig, dunkelgrün; Scheitel kahl und unbedornt; Dornen anliegend, weißlich grau bis hellbraun
Standort: am sonnigen und halbsonnigen Fenster, im Sommer im Freien möglich, immer vor praller Sonne schützen; kann im Winter bei Zimmertemperatur gehalten werden, aber auch kühl stehen
Pflege: mäßig gießen bei warmer, seltene Wassergaben bei kühler Überwinterung; Vermehrung durch Samen
Verwendung: für die dauerhafte Pflege bei Zimmertemperatur am Fensterbrett oder im Wintergarten
Verwandte: wie *N. crassigibbus* lohnende Arten, die üppig gelb blühen: *N. buenekeri, N. buiningii, N. magnificus, N. mammulosus, N. schumannianus, N. scopa* und *N. succineus*; zu *Brasilicactus* zählte man den rot blühenden *N. haselbergii*

Größe:
bis 8 cm
Blütezeit:
spätes Frühjahr

Notocactus gutierrezii ✿

Name: botanisch *Parodia mueller-melchersii* ssp. *gutierrezii*
Familie: Kakteengewächse (*Cactaceae*)
Herkunft: Südbrasilien (Bundesstaat Rio Grande do Sul, beim Ort Uruguaina)
Aussehen: die bis 5 cm großen, rosa Blüten mit hellerem Zentrum sind eine Augenweide; Sprosse einzeln kugelig bis leicht gestreckt; kurze helle Bedornung auf 22–24 Rippen
Standort: sonnige und halbsonnige Fenster; im Sommer im Freien möglich, im Winter bei Zimmertemperatur oder kühl
Pflege: bei Zimmertemperatur mäßig feucht überwintern; wenn kühl, dann selten gießen; Vermehrung durch Samen
Verwendung: wegen der seltenen rosa Blütenfarbe (die meisten Notokakteen blühen gelb) ein Blickfang für die dauerhafte Pflege bei Zimmertemperatur am Fensterbrett oder im Wintergarten
Verwandte: andere rötlich blühende Arten sind *N. ottonis* var. *janousekianus* (orange), *N. ottonis* var. *vencluianus* (rot), *N. roseoluteus* (hellrosa), *N. rutilans* (rosa), *N. uebelmannianus* (lila)

Größe:
bis 60 cm
Blütezeit:
April – Juli

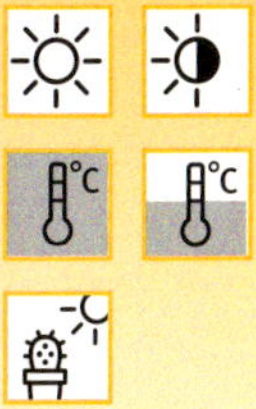

Notocactus leninghausii ✿

Name: heute botanisch als *Parodia leninghausii* bezeichnet
Familie: Kakteengewächse (*Cactaceae*)
Herkunft: Brasilien (Rio Grande do Sul); an steilen Felswänden, in luftfeuchten Schluchten
Aussehen: zitronengelbe Blüten, 5–6 cm groß, aus der weißwolligen, schrägen Scheitelregion, erst an älteren Pflanzen erscheinend; kurze, 7–10 cm dicke Säulen, im Alter häufig sprossend; 30–35 Rippen; goldgelbe, kurze Rand- und bis 4 cm lange Mitteldornen
Standort: am sonnigen und halbsonnigen Fensterbrett, im Sommer im Freien möglich, immer vor praller Sonne schützen; kann im Winter bei Zimmertemperatur stehen bleiben
Pflege: bei warmer Überwinterung mäßige Wassergaben, bei kühler fast trocken halten; Vermehrung durch Samen
Verwendung: durch die auffällig gelbe Bedornung und die schönen gelben Blüten eine Zierde für die dauerhafte Pflege bei Zimmertemperatur am Fensterbrett oder im Wintergarten; bei warmen als auch kühlen Temperaturen universell einsetzbar und pflegeleicht zu halten

Größe:
6 cm
Blütezeit:
Frühjahr – Sommer

Notocactus ottonis ✲

Name: heute botanisch als *Parodia ottonis* bezeichnet
Familie: Kakteengewächse (*Cactaceae*)
Herkunft: Südbrasilien, Uruguay und Nordostargentinien; weit verbreit; bis in 500 m Höhe
Aussehen: bis 6 cm große, tiefgelbe Blüten mit dunkelroten Narben; die Triebe haben einen kugeligen Wuchs und bilden später sprossend Gruppen
Standort: am sonnigen und halbsonnigen Fensterbrett, im Sommer im Freien möglich, immer vor praller Sonne schützen; kann im Winter bei Zimmertemperatur stehen bleiben, aber auch kühl stehen
Pflege: bei warmem Winterstand mäßig gießen, bei kühlem weitgehend trocken halten; Vermehrung durch Samen; eine Form bildet unterirdische Sprosse, die als Stecklinge zur Vermehrung genommen werden können
Verwendung: durch die üppig erscheinenden, farbstarken Blüten ein echter Blickfang für jedes Fensterbrett; gut geeignet für Schalenbepflanzung zusammen mit *Gymnocalycium* und *Parodia*

Größe:
15–17 cm
Blütezeit:
April – Juni

Notocactus uebelmannianus ✿

Name: wird heute botanisch *Parodia werneri* genannt
Familie: Kakteengewächse (*Cactaceae*)
Herkunft: Brasilien (Staat Rio Grande do Sul)
Aussehen: Blüten glänzend pink bis purpurrot oder gelb, bereits junge Pflanzen blühen sehr üppig; Wuchs flachkugelig, nicht sprossend, dunkelgrün; Dornen weiß bis weißgrau
Standort: perfekte Fensterbrettpflanze; kann das ganze Jahr im beheizten Zimmer stehen, gedeiht im Sommer aber auch im Freien, pralle Sonne wenn möglich vermeiden; Mindesttemperatur im Winter sollte 8–12 °C betragen
Pflege: nahrhafte, humos-mineralische Kakteenerde; verträgt im Sommer etwas mehr Wasser als Kakteen allgemein und will auch im Winter hin und wieder gegossen werden; Vermehrung durch Samen
Verwendung: in Blüte ein Augenschmaus auf jedem Fensterbrett; zusammen mit *Gymnocalycium* und *Parodia*
Verwandte: fast alle Arten haben rote oder purpurne Narben; *Notocactus* wird heute wissenschaftlich nur noch als Untergruppe zu *Parodia* gezählt

Größe:
10 cm
Blütezeit:
Sommer

Obregonia denegrii

Familie: Kakteengewächse (*Cactaceae*)
Herkunft: Mexiko, Jaumave-Tal im Bundesstaat Tamaulipas, *chihuahuan desert vegetation* auf Kalk
Aussehen: Blüten weiß, bis 2,5 cm groß, im wolligen Scheitel, sich weit öffnend; auffällige, spiralig angeordnete Warzen wie scharfkantige dicke Schuppen, an deren Spitze 3–4 hinfällige (= kurzlebige), weißlich braune Dornen; wächst langsam
Standort: vor direkter Sonne geschützt, hell und warm
Pflege: rein mineralische Erdmischung verwenden; hohe Sommertemperaturen nötig für Wachstum; Winter nicht unter 12–15 °C, trocken; Vermehrung durch Samen, Sämlinge schattieren, auch ältere Pflanzen vor praller Sonne schützen
Verwendung: eine ungewöhnliche Art für geduldige Liebhaber, die als einzige Art der Gattung mit *Ariocarpus*, *Aztekium*, *Lophophora* und *Pelecyphora* um den 1. Platz für langsames Wachstum kämpft
Besonderheiten: durch anhaltendes Absammeln sowie teilweise Zerstörung des Fundgebietes durch landwirtschaftliche Entwicklung von CITES streng geschützt

Größe: *100 cm und mehr*
Blütezeit: *Mitte Frühjahr – Sommer*

Opuntia aciculata ✿

Familie: Kakteengewächse (*Cactaceae*)
Herkunft: südliches Nordamerika (Texas) und im benachbarten Mexiko (Tamaulipas und Nuevo León)
Aussehen: gelbe Blüten, 8–10 cm groß; tellerförmige, leuchtend dunkelgrüne Sprosse mit bis zu 20 cm Durchmesser; mit dichten, rotbraunen Dornpolstern
Standort: sonnige Fenster; im Sommer gerne im Freien
Pflege: im Sommer kräftig wässern und düngen; bei warmer Überwinterung sehr sparsam, bei kühler ganz trocken halten
Verwendung: dekorative und robuste Pflanze für Einzelstand in Zimmer, Büro und Wintergarten
Besonderheiten: die vielen kleinen Dornen der Opuntien-Dornpolster (Glochiden) sind sehr tückisch, da sie durch Widerhaken unangenehm stechen und jucken
Verwandte: über 180 *Opuntia*-Arten und mindestens 10 natürliche Hybriden bekannt, viele davon winterhart; in Kultur häufig *O. microdasys* mit gelben und weißen Glochiden, *O. rufida* (rotbraune Glochiden) und deren attraktive Miniaturform, die bekannte „Ess- und Fress-Opuntie", *O. ficus-indica*

Größe:
100–600 cm
Blütezeit:
spätes Frühjahr – früher Sommer

Opuntia ficus-indica ✲

Name: Feigenkaktus
Familie: Kakteengewächse (*Cactaceae*)
Herkunft: vermutlich ursprünglich in Mexiko beheimatet; durch den Menschen in ganz Amerika, im Mittelmeergebiet, in Afrika und Australien verbreitet
Aussehen: Blüten gelb bis rot, 5–10 cm groß; bildet essbare, 6–10 cm lange, eiförmige Früchte, die diesem populären Kaktus seinen Namen geben; Stamm kann bis zu 35 cm Durchmesser haben; Sprosse oval bis eiförmig und flach
Standort: sonnig; im Sommer im Freien, im Winter dringend unter 15 °C, da sonst etiolierte (vergeilte) Sprosse entstehen
Pflege: alle 1–2 Wochen wässern; in der lichtschwachen Jahreszeit unbedingt trocken halten; Düngen nicht vergessen
Verwendung: attraktive Großpflanzen für sonnige Bereiche
Besonderheiten: eine der ältesten Nutzpflanzen; junge Sprosse werden als Gemüse zubereitet, zur Hustensaftherstellung verwendet, ältere als Viehfutter genutzt; Blüten sollen gegen Prostataleiden helfen; die auf ihm gezüchteten Cochenille-Läuse liefern den bekannten roten Farbstoff Karmin

Größe:
10 cm
Blütezeit:
Mitte Frühjahr – früher Sommer

Opuntia fragilis ✲

Familie: Kakteengewächse (*Cactaceae*)
Herkunft: Nordamerika in kühlen Gebieten und bis Kanada (Ontario, British Columbia); nördlichste aller Kakteen
Aussehen: gelbe Blüten, 4 cm groß, Zuchtformen mit Farbspektrum über gelbrot bis rot und lila; Sprosse verkehrt eiförmig, 2–4,5 cm lang und 1,2–2 cm dick, leicht abfallend, mehr oder weniger bedornt; bildet dichte, flache Polster bis 30 cm, grün bis rötlich grün oder bläulich grün
Standort: möglichst frei ausgepflanzt in Beet oder Trockensteinmauer, auch Kübel oder Balkonkasten; verträgt völlig ungeschützten Stand im Freien oder kühle Überwinterung
Pflege: für guten Blütenansatz ist bei Regenschutz auf genügend Feuchtigkeit und Nährstoffgaben zu achten; Vermehrung durch Stecklinge der Sprossglieder
Verwendung: Bodendecker in winterharten Pflanzungen
Besonderheiten: die Dornen wurden als Angelhaken verwendet; Packungen mit Brei aus geschälten Sprossen wurden gegen Schmerzen eingesetzt, gegessen als harntreibendes Mittel und zur Geburtserleichterung

Größe:
30–40 cm
Blütezeit:
Mitte Frühling – früher Sommer

Opuntia hystricina ✿

Namen: Stachelschwein-Opuntie, *Opuntia polyacantha* var. *hystricina*
Familie: Kakteengewächse (*Cactaceae*)
Herkunft: weit verbreitet, besonders in Arizona, New Mexico, Südcolorado und Nevada
Aussehen: Blüten rosa oder orange, bis 7 cm im Durchmesser; die einzelnen flachen Sprosse verzweigen sich und bilden umfangreiche, niedrige Büsche; auffällige Bedornung
Standort: an sonnigen und gut dränierten Plätzen im Garten, z. B. in Trockensteinmauern, Steingärten oder unter einem Dachüberstand; in Kübeln, Trögen und Balkonkästen
Pflege: in Deutschland vollkommen winterhart; Staunässe vermeiden; auf regelmäßige Düngung achten; Vermehrung durch Samen oder Stecklinge
Verwendung: für die winterharte, ungeschützte Pflanzung
Besonderheiten: viele Züchtungen in reicher Blütenfarben-Vielfalt – z. B. die Sorten 'Hagen' (lila), 'Halle' (gelb), 'Hamm' (lila), 'Heide' (dunkellila), 'Heidelberg' (cremegelb), 'Heilbronn' (lila), 'Memmingen' (gelb)

Größe:
15–20 cm
Blütezeit:
spätes Frühjahr – früher Sommer

Opuntia macrorhiza

Name: Großwurzelige Opuntie
Familie: Kakteengewächse (*Cactaceae*)
Herkunft: zentraler Westen und Südwesten von Nordamerika und angrenzendes Nordostmexiko
Aussehen: Blüten gelb mit roter Mitte, 5–6 cm groß; Triebe tellerförmig flach, rund oder verkehrt eiförmig, bläulich grün; bildet flache Gruppen bis 2 m Breite; Dornen 4–6 cm lang
Standort: dauerhaft ausgepflanzt im Freien; wenn im Haus, dann kühl im Winter
Pflege: die normalen Regenfälle reichen für die Bewässerung aus; auf genügend Kakteendünger achten; Vermehrung durch Stecklinge der flachen, runden Sprossglieder
Verwendung: gut winterhart bis –20 °C; für Beet, Steingarten, Kübel und Balkonkasten geeignet
Besonderheiten: Stecklinge bilden die typisch dicke, fleischige Rübenwurzel der Sämlinge nicht mehr aus
Verwandte: *O. macrorhiza* var. *pottsii* mit roter Blüte, die Sorte 'Apricot' blüht apricotfarben mit dunklerer Mitte, 'Viola' altrosa mit glänzend violetter Mitte

Größe:
bis 90 cm
Blütezeit:
Mitte Frühling – früher Sommer

Opuntia phaeacantha ✿

Name: Braunrotdornige Opuntie
Familie: Kakteengewächse (*Cactaceae*)
Herkunft: Südwesten Nordamerikas und Nordosten Mexikos
Aussehen: Blüten gelb, manchmal an der Basis rot, 6–8 cm groß; große tellerförmige Sprosse, verkehrt eiförmig bis kreisrund, bis 24 × 40 cm Durchmesser, bläulich grün, manchmal rötlich überhaucht; Dornen bräunlich, 2,5–8 cm
Standort: dauerhaft im Freien
Pflege: verträgt unsere feuchten Winter im Freien gut ohne Regenschutz; auf ausreichende Düngung achten; Vermehrung durch Samen und Stecklinge der blattartigen Sprossglieder
Verwendung: dominante Erscheinung in Steingarten, Beet oder auf der Trockensteinmauer sowie in großen Kübeln
Besonderheiten: von den Pima medizinisch genutzt zur Milchstimulation junger Mütter; aus den zerstoßenen Früchten wird eine rote Gesichtsfarbe gewonnen
Verwandte: *O. phaeacantha* cv. *longispina* (gelbrote Blüten) und *O. phaeacantha* 'Salmonea' (apricot) winterhart bis unter –20 °C; 'Orangeade' und 'Kirschrot' (orange bzw. lachs)

Größe:
200 cm
Blütezeit:
Sommer

Oreocereus celsianus ✿

Name: „Alter Mann der Anden"
Familie: Kakteengewächse (*Cactaceae*)
Herkunft: Bolivien, Peru und Nordargentinien; kommt in Hochlagen bis über 4000 m vor
Aussehen: Blüten in hellem Rosarot, 7–9 cm lang und 3 cm im Durchmesser, erscheinen erst im Alter; wächst als einzelner dicker Stamm, verzweigt sich dann im Alter an der Basis
Standort: sonniges Fenster; als Bergkaktus mag er im Winter kein beheiztes Zimmer, sondern kühle 0–10 °C; geeignet sind kühle Treppenhäuser, helle Keller und andere unbeheizte Räume
Pflege: wegen der kräftigen Wurzeln ausreichend große Töpfe wählen; im Winter vollkommen trocken halten; Vermehrung durch Samen
Verwendung: verträgt große Temperaturschwankungen, daher geeignet für kalten Wintergarten und Eingangsbereiche
Verwandte: *O. doelzianus* (→ Seite 128, bläulich karminrote Blüten, bis 10 cm lang), *O. ritteri* (rot), *O. trollii* (noch dichter behaart als *O. celsianus*), *O. varicolor* (rosa bis karminrot)

Größe:
bis 100 cm
Blütezeit:
Sommer

Oreocereus doelzianus ✿

Name: syn. *Morawetzia doelziana*
Familie: Kakteengewächse (*Cactaceae*)
Herkunft: Zentralperu (Huancavelica, Ayacucho)
Aussehen: Blüten (nur aus Wollschopf) karminrot mit bläulichem Hauch, bis 10 cm lang und 3 cm breit; Triebe säulenförmig, sich buschig an der Basis verzweigend, 6–8 cm dick; blühfähige Pflanzen mit kräftigem Wollschopf mit langen, weißen, wolligen Haaren und bis 5 cm langen Borsten; zur Blüte schwillt die Sprossspitze bis auf das Doppelte an
Standort: sonnig, aber vor sehr großer Hitze schützen; im Sommer gerne im Freien, im Winter kühl (Treppenhaus)
Pflege: kräftige Wassergaben, aber unbedingt dazwischen ganz austrocknen lassen; im Winter trocken halten; Vermehrung durch Samen oder Stecklinge möglich
Verwendung: aus den Anden kommend, verträgt diese Art einiges und passt daher gut zu *Echinopsis* und anderen *Oreocereus*-Arten
Verwandte: die als *O. doelzianus* var. *sericatus* bezeichnete Varietät, ganz in weiße Wolle eingesponnen, ist besonders apart

Größe:
bis 20 cm
Blütezeit:
Sommer

Oroya peruviana

Familie: Kakteengewächse (*Cactaceae*)
Herkunft: Zentralperu (Junín, Cuzco, Puno) in den Hochlagen zwischen 3200 und 4200 m
Aussehen: die Blüten erscheinen in Scheitelnähe, oft gedrängt, Blütenblätter leuchtend karminrot mit gelblicher Basis, 3 cm lang, 2,2 cm im Durchmesser; Spross flachkugelig, selten kurzsäulig, selten sprossend; Höcker mit langen, hellfilzigen Areolen; Dornen bräunlich
Standort: sonnige Fenster, möglichst gut gelüftet; im Sommer gern im Freien, im Winter kühl, z. B. im Treppenhaus
Pflege: als Bergkaktus robust, aber vor Überhitzung durch pralle Sonne im Sommer hinter der Fensterscheibe schützen; Vermehrung durch Samen
Verwendung: passt vom Aussehen und der Pflege gut zu *Echinopsis, Espostoa, Mammillaria* und *Rebutia*
Verwandte: die gelb blühende *O. borchersii; O. baumannii, O. laxiareolata, O. neoperuviana* und *O. subocculta* sowie *O. peruviana* fa. *minima* blühen wie oben beschrieben und zählen heute botanisch gesehen zu *O. peruviana*

Größe:
3–4 cm
Blütezeit:
Frühjahr

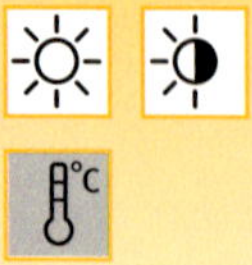

Ortegocactus macdougallii

Namen: Synonyme *Neobesseya macdougallii, Escobaria macdougallii*
Familie: Kakteengewächse (*Cactaceae*)
Herkunft: Mexiko (Oaxaca) auf Kalkfelsen
Aussehen: 2–3 cm große, sattgelbe Blüten; Triebe sprossend, kugelig bis zylindrisch mit ungewöhnlich hell-graugrüner Epidermis, dicken, flachen Warzen und auffälligen, 1–2 cm langen Dornen mit schwarzer Spitze
Standort: sonnige oder halbsonnige Fenster und Überwinterung bei wenigstens 15 °C sind vorteilhaft
Pflege: durchlässige, rein mineralische Erde mit Kalkzuschlag; wässern nur bei Temperaturen (deutlich) über 20 °C; Vermehrung durch Samen oder Seitenspross-Pfropfung
Verwendung: eine kleine, sehr ausgefallene Pflanze, die einen Einzelplatz verdient hat
Besonderheiten: insbesondere niedrige Temperaturen fördern bräunlich rote Flecken, die an der Basis der Pflanzen unregelmäßig erscheinen, aber unbedenklich sind
Verwandte: monotypisch, d. h. einzige Art der Gattung

Größe:
200–300 cm
Blütezeit:
Frühjahr

Pachycereus pringlei ✲

Namen: Mexikanischer Kandelaberkaktus; wird in Mexiko Cardón genannt
Familie: Kakteengewächse (*Cactaceae*)
Herkunft: Mexiko (Sonora und Baja California)
Aussehen: Blüten weiß, bis 8 cm lang; bei Tag und Nacht offen, erscheinen erst an älteren Exemplaren ab 3 m Höhe; entwickeln in Topfkultur eine dicke Säule; in der Natur Bäume mit 11 m Höhe und einem Stammdurchmesser von 60 cm
Standort: Fensterplätze mit direkter Sonne; es ist sowohl kühle als auch warme Überwinterung möglich
Pflege: bei warmem Winterstand selten mäßig gießen, bei kühlem nicht; im Sommer im Freien möglich; Vermehrung durch Samen
Verwendung: am großen Fenster oder im Wintergarten
Besonderheiten: ein wahrer Gigant; neben *Carnegiea gigantea*, dem Saguaro, der bekannteste Großkaktus
Verwandte: *P. marginatus* (syn. *Marginatocereus marginatus*; Blüten rosa bis rötlich), *P. militaris* (syn. *Backebergia)*, im vergangenen Jahrhundert beinahe ausgerottet

Größe:
10–12 cm
Blütezeit:
Feb. – April

Parodia chrysacanthion ✲

Familie: Kakteengewächse (*Cactaceae*)
Herkunft: Nordargentinien (Jujuy), in 1500–2000 m Höhe
Aussehen: Blüten goldgelb; werden in großer Zahl im wolligen Scheitel gebildet; Wuchs anfangs flachkugelig, später länglich; leuchtend goldgelbe Dornen lassen die Pflanze auch ohne Blüte attraktiv erscheinen
Standort: Zimmertemperatur wird im Winter gut vertragen, aber auch kühle Überwinterung ist möglich; kann im Sommer auch im Freien stehen
Pflege: im Sommer mindestens einmal wöchentlich gießen, während warmer Überwinterung alle 2 Wochen; Vermehrung durch die sehr kleinen Samen
Verwendung: dieser prächtige Dauerblüher gedeiht auf jeder Fensterbank, sogar am sehr hellen Nordfenster
Verwandte: *P. comarapana* (orange-gelbe Blüten), *P. hausteiniana* (syn. *P. laui*, rot), *P. nivosa* (hellrot), *P. procera* (zitronengelb), *P. ritteri* (blutrot bis braunrot), *P. schwebsiana* (blutrot), *P. subterranea* (rot), *P. taratensis* (goldgelb); heute gehört auch *Notocactus* (→ Seite 115–119) zu *Parodia*

Größe:
5 cm
Blütezeit:
April – Okt.

Parodia mairanana ✿

Name: *P. comarapana*
Familie: Kakteengewächse (*Cactaceae*)
Herkunft: Ostbolivien, in Hochlagen von 1300–1900 m
Aussehen: die Blütenfarbe variiert an einer Pflanze von goldgelb über orange bis rot, 1–2 cm groß, blüht leicht und reich aus wolligem Scheitel; Körper flachkugelig, bis 5 cm Durchmesser, frischgrün bis grau-olivgrün; später sprossend
Standort: mit Ausnahme dunkler Standorte kommt sie mit jedem Lichtangebot zurecht; kann sehr gut ganzjährig am warmen Fenster stehen, aber auch im Sommer im Freien und im Winter kühl
Pflege: im Winter alle 4 Wochen wenig wässern; Vermehrung durch reich ansetzende Samen
Verwendung: ein Allroundtalent; besonders geeignet für die dauerhafte Kultur am Fensterbrett; zusammen mit *Gymnocalycium* und *Notocactus* sowie *Aloe* und *Crassula*
Verwandte: wird heute wie *P. neglecta, P. neglectoides* und *P. paucicostata* zu *P. comarapana* gestellt, die kleinere und gelbere Blüten treibt

Größe:
bis 5 cm
Blütezeit:
Sommer

Pelecyphora aselliformis

Name: Asselkaktus
Familie: Kakteengewächse (*Cactaceae*)
Herkunft: Mexiko (San Luis Potosí) oberhalb 1850 m
Aussehen: magentafarbene Blüten, 1,3–2,2 cm groß; wächst extrem langsam, ausgewachsen 2–5 cm im Durchmesser; 40–60 auffällige 0,7–4 mm lange Dornen pro Warze, kammförmig angeordnet, wirken sie wie kleine Asseln
Standort: sonnige Plätze und viel Wärme sind für das sehr langsame Wachstum nötig; im Freien nur mit Regenschutz
Pflege: rein mineralische Erdmischung verwenden; in der Winterruhe völlig trocken, von März bis September regelmäßig wässern; Vermehrung durch Samen oder durch Pfropfen der Seitentriebe
Verwendung: in Mexiko als „Peyotillo" (kleiner Peyote) bekannt und medizinisch genutzt zur Fiebersenkung und gegen rheumatische Erkrankungen
Verwandte: nur noch eine weitere Art, *P. strobiliformis* (→ rechts), früher auch *Encephalocarpus* genannt; beide sind vom Aussterben bedroht und durch CITES streng geschützt

Größe:
4–6 cm
Blütezeit:
Sommer

Pelecyphora strobiliformis

Namen: Kiefernzapfen-Kaktus, Synonyme *Encephalocarpus strobiliformis, Ariocarpus strobiliformis*
Familie: Kakteengewächse (*Cactaceae*)
Herkunft: Mexiko (Nuevo León, Tamaulipas und San Luis Potosí); *chihuahuan desert vegetation* bis 1600 m Höhe
Aussehen: Blüten leuchtend violett, 1,5–3 cm im Durchmesser; Sämlinge wachsen länglich, ihre kleinen, feinen Dornen fallen bald ab; im Alter kugelig, ohne zu sprossen; die Warzen überlappen sich dachziegelartig und sind eng an den Körper gepresst
Standort: sehr lichtbedürftig; am warmen, sonnigen Fenster; Überwinterung warm oder kühl, aber mindestens 12 °C
Pflege: tiefen Topf wählen, damit die gedrungene Pfahlwurzel ausreichend Platz findet; in rein mineralische Erde pflanzen; Vermehrung durch Samen; die Wuchsgeschwindigkeit lässt sich durch Pfropfen wesentlich erhöhen
Verwendung: ein Kleinod für den geduldigen Liebhaber
Besonderheiten: durch Absammeln in der Natur fast ausgerottet, daher durch CITES streng geschützt

Größe:
200–500 cm
Blütezeit:
Okt. – Nov.

Pereskia grandifolia ✿

Name: syn. *Rhodocactus grandifolius*
Familie: Kakteengewächse (*Cactaceae*)
Herkunft: in Brasilien weit verbreitet in tropischen Gebieten
Aussehen: Blüten hellrosa, rosa bis purpurrot, 3–5 cm groß, in endständigen oder seitlichen Blütenständen; Triebe bilden, sich verzweigend, Büsche bis kleine Bäume; entwickeln ledrige Tragblätter, in deren Achseln nicht ausgewachsene Kurztriebe (Areolen) sitzen, aus denen über viele Jahre Dornen und Blätter gebildet werden
Standort: sonniges oder halbsonniges Fenster; im Sommer auch im Freien möglich; Winterruhe bei 5–15 °C möglich
Pflege: benötigt etwa doppelt soviel Wasser wie andere Kakteen, auch im Winter alle 3–4 Wochen gießen; Vermehrung durch Stecklinge, die maximal eine Woche nach dem Schnitt gesteckt werden, oder durch Samen möglich
Verwendung: ausgepflanzt imposante kleine Bäume bildend; passt zu *Epiphyllum, Rhipsalis* und *Schlumbergera*
Verwandte: 17 weitere Arten sind bekannt und blühen weiß über rosa bis rot, sehr selten gelb

Größe: *200 cm*
Blütezeit: *Frühjahr – Sommer*

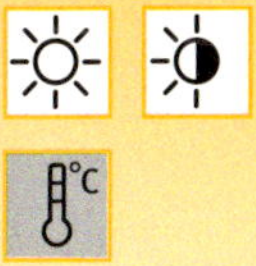

Pilosocereus pachycladus ✲

Familie: Kakteengewächse (*Cactaceae*)
Herkunft: Nordosten Brasiliens, dort weit verbreitet
Aussehen: Blüten weißlich, 4–7 cm lang und 2,2–4,5 cm im Durchmesser; Wuchs baumartig, in der Natur 2–10 m hoch; blaugrün bis graugrün, schlanke Triebe bis 11 cm
Standort: ganzjährig am sonnigen Fenster; im Winter gerne im beheizten Zimmer, nicht unter 12 °C
Pflege: bei warmer Überwinterung etwas wässern; keine ölhaltigen Pflege- und Pflanzenschutzpräparate einsetzen, um die Wachsstruktur nicht zu zerstören; Vermehrung durch Samen oder Stecklinge
Verwendung: für das Fensterbrett geeignet; große Pflanzen als Blickfang; zusammen mit *Echinocactus, Gymnocalycium*
Besonderheiten: Die attraktive blaue Farbe entsteht durch Lichtreflexion auf der speziellen Wachsstruktur, der Cuticula. Wird diese beschädigt, erscheint der Kaktus grün.
Verwandte: *P. catingicola* (Blüte hellgrün), *P. chrysacanthus* (hellrosa), *P. chrysostele* (rosa), *P. gounellei, P. magnificus* (hellblau gewachster Stamm)

Größe:
bis 400 cm
Blütezeit:
Sommer

Polaskia chichipe ✲

Familie: Kakteengewächse (*Cactaceae*)
Herkunft: Südliches Mexiko (Oaxaca, Puebla)
Aussehen: Blüten an älteren Pflanzen, sich nachts öffnend, gelblich grün bis cremeweiß, bis 4 cm groß; Jungpflanzen grauweiß bereift, später grün; bis 7 cm dicke Triebe mit scharfkantigen Rippen, bereits bei 30–60 cm beginnt die Verzweigung; im Alter kurzstämmige, kompakte Bäume bildend
Standort: sonnige Fenster; im Sommer im Freien, aber auch ganzjährig im beheizten Raum möglich
Pflege: bei kühler Überwinterung ganz trocken halten, im Warmen alle 3–4 Wochen wenig wässern; Vermehrung durch Samen und Stecklinge von großen Pflanzen
Verwendung: attraktive Pflanze für jeden Standort; größere Exemplare hervorragend für die hochwertige Innenraumgestaltung geeignet; passt gut zur wuchtigen Wirkung von *Echinocactus* und *Ferocactus*
Besonderheiten: die essbaren roten Früchte findet man im Juli auf den lokalen Märkten unter dem Namen *Chichituna*
Verwandte: nur noch eine weitere Art, *P. chende*

Größe:
60–80 cm
Blütezeit:
Sommer

Pseudorhipsalis amazonica

Namen: Synonyme *Wittia amazonica, Disocactus amazonicus*
Familie: Kakteengewächse (*Cactaceae*)
Herkunft: Kolumbien, Ekuador, Brasilien und Peru
Aussehen: Kakteen können keinen blauen Blütenfarbstoff produzieren, daher ist das Violettblau der Blüten eine spektakuläre Besonderheit. Sie sind schmal röhrenförmig und öffnen sich wenig. Triebe ähnlich den Blattkakteen flach 2- bis 3-kantig, reich verzweigt, übergebogen oder hängend; bis 8 cm breit und völlig dornenlos
Standort: vor praller Sonne schützen; im Winter nicht unter 12–15 °C halten
Pflege: durchlässige, humose Erde verwenden; auch im Winter nicht ganz austrocknen lassen; Vermehrung durch ausgereifte Stecklinge, die bereits 1–2 Tage nach dem Schnitt in Torf-Sand-Gemisch gesteckt werden
Verwendung: kann als Ampelpflanze gezogen werden, aber auch im Topf; sehr schön zu *Disophyllum* und *Rhipsalis*
Verwandte: 6 weitere kleinblütige Arten ähnlich *Rhipsalis* mit blattartigen Trieben, jedoch mit *Hylocereus* verwandt

Größe:
bis 20 cm
Blütezeit:
Sommer

Pterocactus tuberosus

Familie: Kakteengewächse (*Cactaceae*)
Herkunft: Argentinien, weit verbreitet bis in 1500 m Höhe
Aussehen: Blüten zitronengelb bis bräunlich gelb oder kupferfarben, 3–5 cm groß; bildet große unterirdische Wurzelknollen als Speicherorgan; die bräunlich rötlichen, zylindrischen Triebe haben einen Durchmesser von 0,5–1,5 cm
Standort: sonniges und halbsonniges Fenster; im Sommer gerne im Freien, im Winter max. 5 °C; winterhart, wenn geschützt in mildem Klima
Pflege: stark mineralisches, gut durchlässiges Substrat; in der Winterruhe völlig trocken halten; Vermehrung durch Stecklinge, bilden ebenfalls wieder knollig verdickte Rübenwurzeln
Verwendung: kombiniert mit *Escobaria*, klein bleibenden *Opuntia*-Arten, *Sclerocactus* und *Tephrocactus*
Besonderheiten: ungewöhnlicher caudiciformer Kaktus, der besonders schön zur Geltung kommt, wenn die Wurzelknolle, zu 10–20 % freigelegt, sichtbar ist
Verwandte: 8 weitere Arten; zu *P. tuberosus* gehören heute auch *P. decipiens* und *P. kuntzei*

Größe:
3–4 cm
Blütezeit:
Frühjahr

Rebutia condorensis

Namen: *R. heliosa* var. *condorensis*; das ältere Synonym *Aylostera* bezeichnet Rebutien, deren Blüten der unteren Körperhälfte entspringen
Familie: Kakteengewächse (*Cactaceae*)
Herkunft: Bolivien (Tarija), Condor-Pass über 2000 m
Aussehen: Blüten leuchtend rot, 4 cm groß; zwergige Köpfchen, die willig sprossend kleine Gruppen bilden; anliegende, pectinate, kurze und feine Dornen
Standort: am Fenster für viel frische Luft sorgen; steht gerne im Sommer im Freien; im Winter trocken und kühl bei 5–10 °C halten;
Pflege: stark mineralische Erde verwenden; sparsam wässern, eine trockene Winterruhe ist wichtig für die Blütenbildung; Überhitzung vermeiden; Vermehrung durch Samen und Stecklinge der Seitensprosse, die direkt an der Mutterpflanze abgetrennt werden
Verwendung: sehr schöne grazile Pflanzen am Fensterbrett des Liebhabers mit geeigneten Überwinterungsmöglichkeiten; im Sommer auch auf Terrasse und Balkon möglich

Größe:
4 cm
Blütezeit:
Frühjahr – Sommer

Rebutia krainziana ✲

Name: heute botanisch *R. marsoneri*
Familie: Kakteengewächse (*Cactaceae*)
Herkunft: Nordargentinien (Provinz Jujuy)
Aussehen: Blüten hochrot, 3–4 cm groß; kleine, kurze Dornen und weiße Areolen in Spiralen um den flachkugeligen, matt hellgrünen Pflanzenkörper angeordnet; im Alter sprossend Gruppen bildend
Standort: kühl bei 5–10 °C überwintern; am Fenster im Sommer auf frische Luft achten, gerne im Sommer im Freien
Pflege: sparsam wässern, eine trockene Winterruhe ist wichtig für gute Blütenbildung; Überhitzung vermeiden; Vermehrung durch Samen
Verwendung: da in Schüben blühend, eine stete Bereicherung für das gut belüftete Fensterbrett, Frühbeet oder Gewächshaus; im Sommer auch auf der Terrasse mit Regenschutz
Verwandte: *R. krainziana* gibt es auch als seltene Form mit gelben Blüten; lohnend mit orangeroten Blüten ist *R. spinosissima* (syn. *R. hoffmannii*)*;* *R. albiflora* mit kleinen weißen Blüten und Sprossen

Größe:
etwa 6 cm
Blütezeit:
Frühjahr – Sommer

Rebutia minuscula ✲

Familie: Kakteengewächse (*Cactaceae*)
Herkunft: Norden von Argentinien (Salta, Tucamán); im Hochland von 1500 m bis über 3000 m
Aussehen: Blüten leuchtend rot, erscheinen seitlich an 2- bis 3-jährigen Pflanzen, blühen oft in mehreren Schüben, verteilt auf einige Wochen; Wuchs gedrückt kugelig, z. T. sprossend
Standort: am sonnigen Fenster, im Sommer gerne im Freien; im Winter unbedingt kühl bei 5–8 °C
Pflege: alle Rebutien sind Gebirgspflanzen, daher vertragen sie keine stehende Hitze, mögen aber viel frische Luft und vertragen problemlos hohe Temperaturschwankungen; eine kühle Winterruhe ist für die Blütenbildung wichtig; im Frühjahr erst gießen, wenn sich die ersten Knospen zeigen; Vermehrung durch Samen oder Abtrennen von Seitensprossen
Verwendung: für das Südfenster in kühlen Räumen
Besonderheiten: Rebutien gehören zu den pflegeleichtesten und blühwilligsten Kakteen überhaupt.
Verwandte: Heute werden als Untergattung zu *Rebutia* gezählt: *Aylostera, Cylindrorebutia* und *Mediolobivia*

Größe:
bis 6 cm
Blütezeit:
Frühjahr – Sommer

Rebutia knizei

Name: botanisch auch *R. pygmaea*
Familie: Kakteengewächse (*Cactaceae*)
Herkunft: Nordargentinien (Provinz Jujuy)
Aussehen: große, orangegelbe Blüten, reichlich erscheinend; kleine Pflanzen mit Rübenwurzel und anliegender, feiner Bedornung; schwach sprossend, kleine Gruppen bildend
Standort: kühl bei 5–10 °C überwintern; am Fenster im Sommer auf frische Luft achten; gerne im Sommer im Freien
Pflege: sparsam wässern; trockene Winterruhe ist wichtig für die Blütenbildung; Überhitzung vermeiden; Vermehrung durch Samen, auch Stecklinge der Seitensprosse möglich
Verwendung: da in Schüben blühend, eine stete Bereicherung für das gut belüftete Fensterbrett, Frühbeet oder Gewächshaus; im Sommer auch auf der Terrasse mit Regenschutz
Besonderheiten: die orangegelbe Blütenfarbe findet sich sehr selten bei den Rebutien, daher lohnend zu sammeln
Verwandte: *R. pygmaea* ist eine außerordentlich variable, gern gesammelte Art, viele Blütenfarben von gelb über goldgelb, orange, orangerot, rosa bis violett; auch geflammte Blüten

Größe:
100–150 cm, hängend
Blütezeit:
Frühjahr – Sommer

Rhipsalis baccifera ✿

Namen: Binsenrutenkaktus, Korallenkaktus
Familie: Kakteengewächse (*Cactaceae*)
Herkunft: gesamtes tropisches Amerika mit Florida und Karibik, Ostmexiko über tropisches Afrika bis Sri Lanka
Aussehen: Blüten weißlich bis cremefarben, etwa 0,5 cm groß; hängender Wuchs und sich verzweigende Triebe, die lange Kaskaden bilden; in der Natur bis zu 4 m lang
Standort: als Hängepflanze in Fensternähe, jedoch vor praller Mittagssonne schützen; im Winter mind. 15 °C; eine Überwinterung bei Zimmertemperatur ist vorzuziehen
Pflege: 1- bis 2-mal wöchentlich gießen; verliert bei zu trockener Überwinterung leicht an Substanz; Vermehrung durch Samen sowie durch Kopf- oder Teilstecklinge
Verwendung: als ausgefallene Ampelpflanze in warmen sowie feuchten Räumen; schön auch auf Säulen
Besonderheiten: *Rhipsalis* ist die einzige Kakteen-Gattung, die auf natürliche Art auch in der Alten Welt verbreitet ist
Verwandte: Die Gattungen *Lepismium* und *Pseudorhipsalis* wurden früher zu *Rhipsalis* gezählt.

Größe:
bis 40 cm, hängend
Blütezeit:
Winter

Rhipsalis mesembryanthemoides ✲

Name: Mesembryanthemumähnliche Rhipsalis
Familie: Kakteengewächse (*Cactaceae*)
Herkunft: Ostbrasilien (Rio de Janeiro)
Aussehen: bis 1,5 cm große, weiße Blüten, wachsen seitlich an den Seitentrieben; vom schlanken, aufrechten Stamm dieses kleinen Strauches gehen zahlreiche hängende, blassgrüne Äste ab, diese bilden viele kleine, spiralig angeordnete Seitentriebe von 0,5–1 cm Länge und 2–4 mm Dicke; dieses oft unterschiedliche Aussehen von Haupt- und Seitentrieben bzw. auch von Jugend- und Alterstrieben ist typisch für viele *Rhipsalis*-Arten
Standort: viel Licht, aber keine direkte Sonne; nicht unter 12–15 °C; im Sommer im Freien im Schatten von Bäumen
Pflege: das ganze Jahr über regelmäßig wässern, nach der Blüte 4 Wochen Ruhezeit; Vermehrung durch Stecklinge
Verwendung: kleine Pflanzen können stehend in Töpfen, ältere hängend in Ampeln auch an hellen Plätzen im Zimmer ohne direkte Sonne zusammen mit *Aeonium tabuliforme*, *Hatiora*, *Haworthia* und *Schlumbergera* sehr gut wachsen

Größe:
bis 500 cm
Blütezeit:
Spätsommer – Herbst

Rhipsalis paradoxa ✲

Name: Seltsamer Binsenrutenkaktus
Familie: Kakteengewächse (*Cactaceae*)
Herkunft: Nordost- bis Südostbrasilien
Aussehen: Blüten weiß, bis 2 cm groß, an den Triebspitzen einzeln erscheinend; Triebe hellgrün, drei- bis vierkantig, Kantenlänge bis 5 cm lang, dann versetzt, sodass diese im Zickzack verlaufen und der Art das charakteristische „paradoxe“ Aussehen verleihen; wachsen epiphytisch hängend von Bäumen im tropischen Regenwald; sich reich verzweigend
Standort: viel Licht, aber keine direkte Sonne; nicht unter 12–15 °C; im Sommer im Freien im Schatten von Bäumen
Pflege: das ganze Jahr über regelmäßig wässern, nach der Blüte 4 Wochen Ruhezeit; Vermehrung durch Stecklinge
Verwendung: hängend in Ampeln, auch an hellen Plätzen im Zimmer ohne direkte Sonne; passt zu *Aeonium tabuliforme*, *Hatiora*, *Haworthia* und *Schlumbergera*
Verwandte: zwei Unterarten, *R. paradoxa* ssp. *paradoxa* mit 1,5–2 cm dicken Trieben (Blüte weiß), *R. paradoxa* ssp. *septentrionalis*, weniger als halb so dick (Blüte weiß)

Größe:
unbegrenzt
Blütezeit:
Nov. – Dez.

Rhipsalis puniceodiscus ✿

Familie: Kakteengewächse (*Cactaceae*)
Herkunft: Südostbrasilien
Aussehen: radförmige, cremeweiße Blüten, manchmal im Schlund rötlich überhaucht; die epiphytischen, weichen, 0,6 cm dünnen und grünen bis gelblich grünen Triebe hängen weich von Bäumen des tropischen Regenwaldes herab und verzweigen sich spärlich in Büscheln nach 40 cm Länge
Standort: viel Licht, aber keine direkte Sonne; nicht unter 12–15 °C; im Sommer im Freien im Schatten von Bäumen
Pflege: das ganze Jahr über regelmäßig wässern, nach der Blüte 4 Wochen Ruhezeit; Vermehrung durch Stecklinge
Verwendung: hängend in Ampeln; auch an hellen Plätzen im Zimmer ohne direkte Sonne; passt zu hängenden *Ceropegia* und *Cynanchum* sowie *Disocactus aurantiacus*
Besonderheiten: die auffällig farbigen Früchte sind goldgelb, in Kultur gibt es auch intensiv orangerote Früchte
Verwandte: 35 weitere *Rhipsalis*-Arten und viele Varietäten und Formen, die alle im feuchten, tropischen Regenwald sowie im Wald subtropischer Zonen beheimatet sind

Größe:
30–40 cm
Blütezeit:
Nov. – Dez.

Schlumbergera-Hybriden ✲

Namen: Weihnachtskaktus, syn. *Zygocactus*
Familie: Kakteengewächse (*Cactaceae*)
Herkunft: Eltern der Zuchtformen stammen aus Brasilien
Aussehen: blüht weiß, rosa, rot, lila oder gelb, meist schiefsaumig; die weißen und gelben Farben entwickeln sich bei über 18–20 °C am schönsten; Sprossglieder 3–6 cm lang und 1,5–3,5 cm breit; Sprosse verzweigen sich zu Büschen, die unbeschnitten 1 m im Durchmesser erreichen können
Standort: hell, aber keine direkte Sonne; wenn Sommerstandort im Freien, dann unbedingt beschattet; ganzjährig Temperaturen über 13 °C nötig
Pflege: humose Erde verwenden und kalkhaltiges Gießwasser vermeiden; ganzjährig gießen, nur nach der Blüte für 4 Wochen relativ trocken halten; zur Vermehrung Stecklinge von ausgereiften Sprossgliedern abnehmen
Verwendung: herrlicher Winterschmuck auch in Ampeln
Besonderheiten: Blüteninduktion durch Kurztag (= Tageslänge unter 12 Std.) bei 15–18 °C oder Langtag (= Tageslänge über 12 Std.) bei 13–15 °C

Größe:
18–27 cm
Blütezeit:
Sommer

Sclerocactus uncinatus

Name: syn. *Glandulicactus uncinatus*
Familie: Kakteengewächse (*Cactaceae*)
Herkunft: südliches Nordamerika (Westtexas) bis Mexiko (Chihuahua bis San Luis Potosí)
Aussehen: rötlich braune Blüten aus dem Scheitel, bis 4 cm groß; Spross einzeln, kugelig bis zylindrisch, bläulich grün, bis 12 cm dick; sehr aparte, bis 13 cm lange, gehakte, gelbe Dornen mit rötlicher Spitze
Standort: sehr sonniger warmer Standort im Sommer; Winterruhe bei 5–12 °C
Pflege: unbedingt sehr durchlässiges, rein mineralisches Substrat verwenden; rasches Wachstum bei hohen Temperaturen, nur dann kräftig wässern und düngen; völlige Trockenheit im Winter; Vermehrung durch Samen
Verwendung: eine sehr attraktive Pflanze, die mit Fingerspitzengefühl gepflegt werden möchte
Verwandte: diese Art wurde schon zu vielen Gattungen gestellt: *Ancistrocactus, Echinocactus, Echinomastus, Ferocactus, Hamatocactus* und *Pediocactus*

Größe:
bis 500 cm, kletternd
Blütezeit:
Juni – Juli

Selenicereus grandiflorus ✿

Name: Königin der Nacht
Familie: Kakteengewächse (*Cactaceae*)
Herkunft: südöstliches Nordamerika, Mexiko und Karibik
Aussehen: die wohlriechenden Blüten erreichen eine spektakuläre Größe von 30 cm; äußere Blütenblätter schmal und gelblich bräunlich, innere breiter und weiß; die schlanken klimmenden oder kletternden Triebe sind 1,2–2,5 cm dick, mit 6–8 niedrigen Rippen und kurzen Dornen
Standort: sonnige, mindestens halbsonnige Fensterplätze im Haus oder im Sommer im Freien; im Winter 12–15 °C
Pflege: wöchentliche Wassergaben und Dünger von März bis September, während der Winterruhe sehr selten und wenig wässern; Vermehrung durch Stecklinge
Verwendung: Die klimmenden Triebe benötigen eine Rankhilfe, die, am Topf befestigt, den Transport erleichtert.
Besonderheiten: aus Blüte und Spross wird das Medikament „Tinctura Cacti“ hergestellt, das als wirksames Herztonikum stärkend und beruhigend wirkt; der Blütenduft wird neuerdings auch in berühmten Parfums verwendet

Größe:
10 cm
Blütezeit:
zeitiges Frühjahr

Stenocactus multicostatus ✲

Namen: Lamellenkaktus, *Echinofossulocactus multicostatus*
Familie: Kakteengewächse (*Cactaceae*)
Herkunft: Mexiko (Coahuila, Chihuahua, Durango)
Aussehen: Blüten weiß mit violettroten Mittelstreifen; halten bis zu einer Woche lang; Wuchs flachkugelig, manchmal im Alter auch länglich; meist einzeln
Standort: am sonnigen Fenster; kühle Überwinterung sinnvoll, aber nicht unbedingt notwendig
Pflege: stark mineralische Erde verwenden; während der Wachstumszeit von März bis September ausreichend mit Nährstoffen versorgen; Vermehrung durch Samen
Verwendung: blühfreudige, interessante Art; passt zu *Astrophytum, Coryphanta, Echinocereus, Mammillaria, Pachycereus*
Besonderheiten: Die bis zu 140 dünnen Rippen sind in gleichmäßigen Wellenlinien angeordnet.
Verwandte: *S. coptonogonus* (die einzige von 10 Arten mit wenigen breiten Rippen), *S. crispatus* (Blüten hell mit rotlila Mittelstreif), *S. hastatus, S. obvallatus, S. phyllacanthus* (gelblich weiß), *S. sulphureus* (schwefelgelb)

Größe:
100–150 cm
Blütezeit:
Sommer

Stetsonia coryne ✲

Name: Keulenkaktus
Familie: Kakteengewächse (*Cactaceae*)
Herkunft: Nordwesten Argentiniens sowie benachbartes Bolivien und Paraguay; in hoch gelegenen Trockengebieten
Aussehen: Blüten weiß, 15 cm lang; sich nachts öffnend und dann bis in den Tag hinein blühend; entwickeln sich erst an Pflanzen ab ca. 1 m Höhe; baumartiger Wuchs mit dicken Seitentrieben, in der Heimat bis zu 8 m hoch; gerade und derbe Mitteldornen, mit 5–10 cm enorm lang
Standort: am sonnigen Fenster; ganzjährig im Zimmer oder kühle Überwinterung möglich
Pflege: während des Wachstums von April bis September durchdringend gießen; Vermehrung durch Samen (wächst dann anfangs sehr zügig, danach langsam weiter) oder Stecklinge (unüblich, da es 5–7 Jahre dauert, bis sich erste Seitentriebe entwickeln)
Verwendung: beeindruckende Einzelpflanze in jedem Raum
Besonderheiten: Diese Gattung ist monotypisch, d. h. es gibt nur diese eine Art.

Größe:
3–4 cm
Blütezeit:
Sommer

Sulcorebutia rauschii

Name: botanisch auch *Rebutia canigueralii*
Familie: Kakteengewächse (*Cactaceae*)
Herkunft: Bolivien (Department Chuquisaca), in Hochlagen
Aussehen: Blüten kräftig magentarosa, bis 5 cm groß; flachkugelige Pflanzenkörper bis 3 cm groß, grün-grau bis violett gefärbt; bilden sprossend kleine Gruppen mit Rübenwurzel
Standort: im Winter kühl bei 5–10 °C und ganz trocken, im Sommer im Freien mit kühlen Nächten von Vorteil; am sonnigen Fenster auf frische Luft achten
Pflege: stark mineralisches, gut durchlässiges Substrat vorteilhaft; von Frühling bis Herbst sparsam wässern; für Rübenwurzel tiefe Töpfe benutzen; Vermehrung durch Samen und Stecklinge der Seitensprosse
Verwendung: eine Bereicherung für das gut belüftete Fensterbrett, für Frühbeet oder Gewächshaus
Besonderheiten: Alle Sulcorebutien erfreuen sich großer Beliebtheit, da auf kleinstem Platz eine schöne Sammlung dieser attraktiven Zwerge untergebracht werden kann und die Leuchtkraft und Üppigkeit der Blüten ihresgleichen sucht.

Größe:
bis 50 cm
Blütezeit:
Spätsommer

Tephrocactus alexanderi ✲

Familie: Kakteengewächse (*Cactaceae*)
Herkunft: Nordargentinien (Südcatamarca, La Rioja, Nordwest San Juan, Nordost San Luis) auf sehr trockenen Steinböden
Aussehen: bis 11 cm große Blüten, weiß bis rosa; sehr ungewöhnliche, fast kugelige, bis 7 cm große Sprosse; wild abstehende dunkle, später vergrauende, lange Dornen, bis 15 aus einer Areole
Standort: volle Sonne und frische Luft sind wichtig für eine gesunde Kultur; im Winter bei 5–15 °C
Pflege: kräftig wässern bei großer Hitze, sonst sehr sparsam; im Winter völlig trocken halten; schwer aus Samen zu ziehen, Sprosse jedoch brechen leicht ab und sind nach gutem Abtrocknen als Stecklinge zur Vermehrung verwendbar
Verwendung: sehr ausdrucksstarke Pflanzen für Fenster in gut gelüfteten Räumen; im Sommer für Terrasse und Balkon
Besonderheiten: Tephrokakteen wurden zeitweise den Opuntien zugeordnet, sind aber doch von diesen so verschieden, dass eine eigene Gattung berechtigt ist.

Größe: *bis 40 cm*
Blütezeit: *Frühjahr – Sommer*

Thelocactus bicolor ✿

Familie: Kakteengewächse (*Cactaceae*)
Herkunft: Texas und Nordmexiko; bis in 2000 m Höhe
Aussehen: Blüten in hellem Magenta, selten fast weiß, aber am Grund immer rot, Durchmesser mit 4–8 cm sehr groß; wächst anfangs kugelig, im Alter länglich, bis 18 cm im Durchmesser; zweifarbige Dornen in Rot und Gelb
Standort: am sonnigen Fenster; im Sommer gern im Freien; Überwinterung warm oder bei 6–15 °C
Pflege: sehr stark mineralische Erde verwenden; pflegeleicht; Vermehrung durch Samen
Verwendung: eine attraktive und pflegeleichte, nicht alltägliche Art, die Farbe nicht nur zur Blütezeit in Wohnung, Büro oder Wintergarten bringt
Verwandte: *T. conothelos* (mit Varietäten von purpurrosa über weiß bis gelb), *T. hexaedrophorus* (weiß mit magentafarbenem Mittelstreif), *T. lausseri* (weiß mit dunklem Mittelstreif), *T. leucacanthus* (gelb), *T. macdowellii* (auch als *Echinomastus* bekannt, Blüte weiß bis hellrosa), *T. setispinus* (gelb mit roter Mitte)

Größe:
1,5–2,5 cm
Blütezeit:
zeitiges Frühjahr

Turbinicarpus valdezianus

Namen: Kreiselfrucht-Kaktus; Synonyme *Neolloydia valdeziana, Normanbokea valdeziana, Pelecyphora valdeziana*
Familie: Kakteengewächse (*Cactaceae*)
Herkunft: Mexiko (Saltillo, Coahuila, San Luis Potosí)
Aussehen: Blüten weiß mit magentafarbenem Mittelstreifen, 2–2,5 cm im Durchmesser, erscheinen bereits an 3-jährigen Pflanzen; bildet einzelne, kleine zylindrische Köpfe, die in Rübenwurzel übergehen; ungewöhnliche Fiederdornen
Standort: am sonnigen, warmen Fenster; im Winter warm bei Zimmertemperatur oder kühl bei 4–15 °C
Pflege: rein mineralische, durchlässige Erde verwenden; bei kühler Überwinterung ganz trocken halten; Vermehrung leicht durch Samen, die schon Jungpflanzen bilden
Verwendung: eine kleine Kostbarkeit für den geduldigen Liebhaber, die auf jeder Fensterbank Platz findet
Besonderheiten: langsam wachsender Zwergkaktus
Verwandte: *T. lophophoroides* (weiß bis rosa, gipshaltige Erde), *T. pseudopectinatus* (weiß mit magentafarbenem Mittelstreif), *T.* (syn. *Gymnocactus*) *viereckii* (magenta)

Größe:
15 cm
Blütezeit:
Frühjahr

Uebelmannia pectinifera

Familie: Kakteengewächse (*Cactaceae*)
Herkunft: Brasilien (Berge in Minas Gerais); auf Quarz
Aussehen: gelbe Blüten, 1 cm im Durchmesser; wächst anfangs kugelig, später verlängert; erst im Alter die Dornen kammartig auf Rippen angeordnet; wird in der Heimat bis zu 50 cm hoch
Standort: am sonnigen Fenster; ganzjährig im beheizten Zimmer, Wintergarten oder Gewächshaus, nicht unter 15 °C
Pflege: mineralische Erde mit viel Quarzsand verwenden, sie sollte keine basischen Substanzen wie Bims oder Lava enthalten; auch im Winter vorsichtig wässern; Vermehrung durch Samen; da empfindlich auf eigener Wurzel, ist Pfropfung empfehlenswert
Verwendung: ein sehr auffälliger Kaktus für das beheizte Zimmer; passt gut zu *Arrojadoa, Disocactus, Melocactus*
Besonderheiten: harter wachsartiger Überzug in ungewöhnlich violett-brauner Färbung; Kultivierung nicht ganz einfach
Verwandte: *U. buiningiana* (kleine braunlila Kugel mit gelben Blüten), *U. gummifera* (grün oder rot, gelb blühend)

Größe:
bis 30 cm
Blütezeit:
Sommer

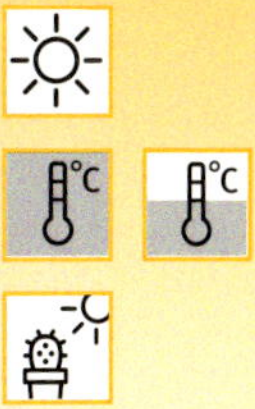

Weingartia neocumingii ✿

Name: botanisch auch *Rebutia neocumingii* genannt
Familie: Kakteengewächse (*Cactaceae*)
Herkunft: Bolivien (Cochabamba, Chuquisaca, Potosí, Santa Cruz), Hochlagen von 2000–3000 m
Aussehen: Blüten gold- über orangegelb bis dunkelrot, sogar weiß, bis zu 4 Blüten gleichzeitig aus einer Areole, im Scheitel erscheinend; gewöhnlich einzelne Sprosse, bis 10 cm dick mit deutlichen Warzen, auf denen Areolen mit bis zu 30 weißen bis gelblich bräunlichen Dornen sitzen
Standort: sonnige Fenster; im Sommer gern im Freien; kühler oder auch warmer Winterstand möglich
Pflege: wöchentlich wässern im Sommer; bei kühler Überwinterung völlig trocken, sonst sehr sparsam wässern
Verwendung: üppige und lang anhaltende Blütenpracht für Zimmer, Büro und Wintergarten sowie im Sommer auf Terrasse oder Balkon
Verwandte: *W. cintiensis* mit gelben Blüten; *W. fidaiana*, Blüten bis 5 cm groß, von gelb über ocker bis rot; *W. westii* mit gelben, sehr selten weißen Blüten

Andere Sukkulenten

von A bis Z

Auch diese Pflanzenarten speichern Wasser, gehören aber nicht zur Familie der Kakteen. Tauchen Sie ein in die Wunderwelt faszinierender und manchmal bizarrer Gestalten, unter denen es auch ganz dornenlose Pflanzen gibt oder solche, bei denen nur die Blätter sukkulent sind oder der Stamm flaschenförmig vergrößert ist.

Größe:
80 cm
Blütezeit:
April – Sept.

Adenium obesum ✿

Name: Wüstenrose
Familie: Hundsgiftgewächse (*Apocynaceae*)
Herkunft: Südarabien, Uganda bis Mosambik und Kenia bis nördliches Tansania
Aussehen: Blüten rosa mit hellem Schlund; verdickte Stammbasis (= Caudex) mit buschig verzweigten Ästen, die in der Heimat bis zu 2 m hoch werden
Standort: am sonnigen Fenster, im Wintergarten oder Gewächshaus; die Temperatur sollte möglichst ganzjährig zwischen 18 und 25 °C liegen
Pflege: im Sommer kräftig, im Winter mäßig wässern; auf guten Wasserabzug achten; Vermehrung durch Samen; auch Triebpfropfung auf Oleander (→ Abb.) sowie Kopfstecklinge möglich, diese bilden aber keinen typisch dicken Caudex aus
Verwendung: üppig blühend für Zimmer und Wintergarten
Besonderheiten: bei kühler Überwinterung oder Trockenstress legt die Pflanze eine Ruhepause ein und verliert dabei die Blätter; vermehrt bekommt man Zuchtformen
Verwandte: mehrere Varietäten und Formen im Handel

Größe:
10 cm
Blütezeit:
Sommer

Adromischus cooperi ✲

Name: Kurzstiel
Familie: Dickblattgewächse (*Crassulaceae*)
Herkunft: Südafrika (Kapregion) und Namibia
Aussehen: Blüten rosa bis rot, bilden sich an traubigen, bis zu 40 cm hohen Blütenständen; dicke grüne Blätter, die dunkelbraun bis schwarz gefleckt sind und dicht gedrängt an einem kurzen Stamm sitzen
Standort: verträgt volle Sonne, im Freien aber vor praller Sonne schützen; kann auch im Winter im beheizten Zimmer bleiben oder bei mindestens 8 °C kühl überwintert werden
Pflege: im Sommer wöchentlich, im Winter zweimal wöchentlich gießen, bei kühler Überwinterung nur alle 3–4 Wochen wenig wässern; Vermehrung durch Samen oder, sehr einfach, durch Blattstecklinge
Verwendung: pflegeleichte, ideale Fensterbrettpflanze
Besonderheiten: bleibt im Wuchs recht klein
Verwandte: *A. cristatus* (Blätter hellgrün mit welligem Rand), *A. maculatus* (Blätter breit und dick, blaugrün, rot gefleckt), *A. trigynus* (gefleckte Blätter)

Größe: *bis 100 cm*
Blütezeit: *Sommer*

Aeonium atropurpureum ✿

Name: *A. arboreum* var. *atropurpureum*
Familie: Dickblattgewächse (*Crassulaceae*)
Herkunft: Zuchtform, deren ursprünglich grüne Mutterpflanzen auf den Kanarischen Inseln beheimatet sind
Aussehen: Blüten gelb, erscheinen an 5–20 cm langen, traubigen Blütenständen; wenig verzweigte Halbsträucher, die in der Heimat bis zu 2 m hoch werden
Standort: am sonnigen Fenster; warme oder kühle Überwinterung bei mindestens 5 °C; im Sommer gern im Freien
Pflege: pflegeleicht; Kakteenerde oder sandige Blumenerde; bei Winterstand im beheizten Zimmer regelmäßig wenig gießen und düngen, bei kühler Überwinterung selten wässern; bleibt durch Stutzen kompakt; Vermehrung durch Kopf- oder Stammstecklinge, Bewurzelung in Torf-Sand-Gemisch
Verwendung: das ganze Jahr über durch den farbigen Blattschopf sehr attraktiv an jedem Fenster
Verwandte: die Sorte 'Schwarzkopf' hat noch dunklere Blätter; *A. lindleyi* (kleine Bäumchen, ihr Blättersaft ist ein gutes Gegenmittel bei Euphorbiensaft-Verbrennungen)

Größe:
3–10 cm
Blütezeit:
Sommer

Aeonium tabuliforme

Familie: Dickblattgewächse (*Crassulaceae*)
Herkunft: Kanarische Inseln, Nordteneriffa, bis 850 m Höhe
Aussehen: Blütenstand bis 60 cm hoch mit vielen kleinen gelblichen Blüten; ganz flache Rosetten leuchtend grüner bewimperter Blätter bis 40 cm im Durchmesser, die Blätter liegen dachziegelartig aufeinander gepresst; die Rosette stirbt nach der Blüte ab, bildet in der Regel vorher aber Kindel
Standort: hell, aber keine direkte Sonne, sonst kommt es zu verfrühtem Blühen; im Sommer gern auch im Freien
Pflege: moderate Feuchtigkeit im Sommer; bei kühler Überwinterung relativ trocken halten; Vermehrung durch Samen, Blattstecklinge und Kindel
Verwendung: sehr dekorative Pflanzen für flache Terrakotta, für helle Fenster ohne direkte Sonne, z. B. Nordfenster
Besonderheiten: wächst an steilen, sehr hellen, nach Norden exponierten Felswänden ohne direktes Sonnenlicht, wo es sich vollkommen flach dem Boden anschmiegt
Verwandte: viele Arten und Kultivare, die besonders in den letzten Jahren gezüchtet wurden, sind im Handel

Größe:
40–80 cm
Blütezeit:
Sommer – Herbst

Agave gypsophila ✲

Familie: Agavengewächse (*Agavaceae*)
Herkunft: Mexiko (Jalisco, Colima, Michoacán und Guerrero); auf Kalk- und Gipsfelsen in Tiefland-Dornwäldern Zentralmexikos
Aussehen: rispiger Blütenstand, 2–3 m hoch, Blüten orangegelblich; ungewöhnliche, offen ausgebreitete Rosetten, bläulich graue, übergebogene Blätter mit gezähntem Rand
Standort: sonnig oder halbsonnig, vor praller Sonne schützen
Pflege: kühl, aber nicht unter 5 °C überwintern, dann sehr selten gießen; oder wärmer, dann öfter gießen, im Sommer kräftig wässern; Vermehrung durch Ableger, Samen oder Bulbillen, die aber beide erst am Blütenstand gebildet werden
Verwendung: durch die attraktive blaugraue Farbe und die Form ausdrucksstark; hervorragend für die Begrünung von größeren Innenräumen geeignet, da sehr pflegeleicht
Besonderheiten: eine weichblättrige Art aus den mehr tropischen Gebieten Mexikos; wie bei allen Agaven stirbt die Pflanze nach der Blüte ab
Verwandte: große Exemplare ähneln *A. marmorata*

Größe:
12 cm
Blütezeit:
Sommer – Herbst

Agave 'Shoji Rajin'✲

Namen: *A. potatorum* var. *verschaffeltii* 'Shoji Rajin', *A. potatorum* var. *verschaffeltii* 'Minima'
Familie: Agavengewächse (*Agavaceae*)
Herkunft: Die dreimal so groß werdende Varietät *A. potatorum* var. *verschaffeltii* ist in Mexiko heimisch.
Aussehen: Blüten erscheinen erst nach vielen Jahren, und in Kultur nur sehr selten; die jeweilige Rosette stirbt nach der Samenreife ab; bildet eine kompakte Rosette dicker, blaugrau gezähnter Blätter, die wiederum durch kurze Ausläufer kompakte Gruppen bilden; die Einzelrosette wird kaum größer als 8 cm im Durchmesser
Standort: jeder helle Fensterplatz ist geeignet; warme oder kühle Überwinterung bis maximal 5 °C möglich
Pflege: Kakteenerde oder sandige Blumenerde; im Winter bei kühlem Stand sehr selten gießen, bei 15 °C alle 4 Wochen und bei Zimmertemperatur alle 3 Wochen gießen; Vermehrung meist durch Stecklinge von Ausläufern, seltener durch Kindel oder Samen
Verwendung: eine seltene Zwergform für das Fensterbrett

A

Größe:
bis 40 cm
Blütezeit:
Mai – Juni

Agave utahensis

Familie: Agavengewächse (*Agavaceae*)
Herkunft: Nordamerika (Kalifornien, Utah, Nevada und Arizona)
Aussehen: Blüten gelb, an 2–4 m hohen Blütenständen; kompakte, kleine, kugelige Rosetten dunkel- bis bläulichgrüner schmaler Blätter mit stumpfen, dicken Randzähnen
Standort: sonnige, geschützte Plätze; im Winter im Freien vor Regen schützen, indoor kühl unter 15 °C halten
Pflege: auf regelmäßige Wassergaben achten, auch bei kalter Überwinterung an warmen Tagen Bodenfeuchtigkeit schaffen, Nässe im Herz besonders im Winter vermeiden; Vermehrung durch Samen und Ableger, die aber wie die ganze Pflanze langsam wachsen
Verwendung: insbesondere die nördlichen Formen für den vor Winterregen geschützten Steingarten, für Trockensteinmauer, Kübel und Balkonkästen bis –18 °C
Verwandte: *A. utahensis* ssp. *kaibabensis* entsprechender Herkunft ist am frostfestesten; die Synonyme *A. eborispina* und *A. nevadensis* sind Zwergformen der Kalksteingebirge

Größe:
bis 60 cm
Blütezeit:
Sommer – Herbst

Agave victoriae-reginae

Name: Queen-Victoria-Agave
Familie: Agavengewächse (*Agavaceae*)
Herkunft: Mexiko (Südcoahuila, zentrales Nuevo León, Nordosten von Durango); in ost- und nordostorientierten, vollsonnigen Hanglagen und auf sehr trockenen, steinigen Böden mit hohem Lehmanteil
Aussehen: Blütenstand 3–5 m hoch mit hellgelben Blüten; kompakte, stammlose Rosette dicker Blätter mit auffälligen weißen Streifen und weißhornigen Rändern; selten sprossend
Standort: am sonnigen bis halbsonnigen Fenster ebenso wie im Sommer im Freien; im Winter bei Zimmertemperatur möglich oder kühl ab 5 °C
Pflege: gut durchlässige Erde verwenden; selten, aber bei höheren Temperaturen kräftig gießen, im Winter mäßig feucht halten; Vermehrung durch Samen
Verwendung: eine sehr ornamentale Pflanze für Gewächshaus, Fensterbrett oder im Sommer im Garten
Verwandte: eine sehr variable Art; auch *A. ferdinandi-regis* ist nur als Form zu betrachten

Größe:
200–300 cm
Blütezeit:
Frühjahr – Sommer

A

Aloe arborescens ✿

Namen: Bitterschopf, Brand-Aloe, Tintenfisch-Aloe
Familie: Grasliliengewächse (*Asphodelaceae*)
Herkunft: Malawi, Mosambik, Zimbabwe, Südafrika; an felsigen Hängen wie im Busch bis in 2150 m Höhe
Aussehen: Blütenstände 60–80 cm hoch mit scharlachroten Blüten; große Rosetten trübgrüner bis graugrüner, bis 60 cm langer, gesägter Blätter; sich zu großen Büschen verzweigend
Standort: sonnige oder halbsonnige Fenster; im Sommer auch gern im Freien; im Winter warm oder besser kühl ab 5 °C
Pflege: wöchentliche Wasser- und Düngergaben, im Winter weniger; Vermehrung durch Kopfstecklinge
Verwendung: Innenräume am Fenster, Wintergärten
Besonderheiten: Die „Königin der Heilpflanzen“ ist doppelt so reich an medizinischen Inhaltstoffen wie *A. vera*! Heilt entzündliche Hautkrankheiten, Brandwunden (selbst radioaktiv verursachte), Herpes, Neurodermitis, stärkt die Immunkräfte und soll sogar Darmtumore im Anfangsstadium heilen.
Verwandte: Da die Art sehr variabel ist, hat man z. B. in *A. arborescens* var. *frutescens* eine kleinere und feinere Form.

Größe:
10 cm
Blütezeit:
Okt. – März

Aloe descoingsii-Hybride ✿

Namen: Tucson-Aloe, botanisch *A. descoingsii* × *haworthioides*
Familie: Grasliliengewächse (*Asphodelaceae*)
Herkunft: Züchtung, deren Eltern beide auf Madagaskar beheimatet sind
Aussehen: Blüten in Trauben, je nach Temperatur weißlich rosa bis orange; die warzig behaarten Blätter bilden kleine Rosetten, die sich zu kleinen Polstern verzweigen
Standort: am sonnigen oder halbsonnigen Fenster; überwintern bei Zimmertemperatur oder kühl bei mindestens 5 °C
Pflege: bei warmer Überwinterung mäßig feucht, bei kühlen Temperaturen fast ganz trocken halten; sehr robuste und wüchsige Klein-Aloe; Vermehrung durch Abtrennen der reichlich sprossenden Kindel mit scharfem Messer direkt an der Austriebsstelle, Bewurzelung nach 1- bis 2-wöchiger Abtrocknung in Torf-Sand-Gemisch oder Kakteenerde
Verwendung: für fast jedes helle Blumenfenster, im Sommer auch auf Terrasse und Balkon; grazile Blatt- und Blütenpflanze; attraktiv in rustikaler Terrakotta-Pflanzschale zusammen mit *Crassula, Gasteria* und *Kalanchoe*

Größe:
bis 120 cm
Blütezeit:
Sommer

Aloe dichotoma

Name: Köcherbaum
Familie: Grasliliengewächse (*Asphodelaceae*)
Herkunft: Namibia und Südafrika (Northern Cape); an felsigen Hängen in der Natur bis zu 9 m hoch
Aussehen: Blütenstände kanariengelb und bis 30 cm hoch, Blüten mit 20–30 Jahren; bildet im Alter helle, glatte, an der Basis verdickte Stämme mit verzweigter Krone
Standort: sonnige, warme Fenster; im Winter nicht unter 12–15 °C, besser ist Zimmertemperatur
Pflege: kräftige Wassergaben im Sommer alle 1–2 Wochen; im Winter bei Zimmertemperatur sparsamer, bei kühler Überwinterung fast gar nicht wässern
Verwendung: attraktiver Schmuck für sonnige Fenster, größere Pflanzen als besonderer Blickfang; „Köcherbaum", weil die Buschmänner – die Ureinwohner der Trockengebiete im südlichen Afrika – ihre Äste aushöhlen und als Behälter für ihre Jagdpfeile benützen
Besonderheiten: verzweigt sich dichotom, das heißt, jeder Spross gabelt sich symmetrisch in zwei neue

Größe:
40–60 cm
Blütezeit:
Frühling – Frühsommer

Aloe polyphylla

Name: Spiral-Aloe
Familie: Grasliliengewächse (*Asphodelaceae*)
Herkunft: Lesotho; im Maluti-Gebirge zwischen 2300 und 2400 m Höhe in steilen felsigen Hängen
Aussehen: erst nach vielen Jahren 50–60 cm hohe Blütenstände bildend, rosa, rot, selten gelb; stammlose Rosetten mit bis zu 150 dicht stehenden Blättern, in 5 spiraligen Reihen
Standort: im Sommer frische Luft und sonnig, gern im Freien; im Winter kühl bei 5–10 °C halten
Pflege: braucht abweichend von allen anderen Sukkulenten viel Wasser; auch im Winter bei niedrigen Temperaturen; da kaum sprossend und Samen sehr rar sind, heute vor allem Gewebevermehrung im Labor
Verwendung: für den geduldigen Liebhaber eine ganz besondere, attraktive, aber seltene Bereicherung im kühlen Gewächshaus oder im Innenraum am luftigen Fenster
Besonderheiten: in der Natur vom Aussterben bedroht durch Absammeln, Verlust des Lebensraumes, Überweidung und wegen Rückgang des Malachitnektarvogels, des Bestäubers

Größe:
bis 40 cm
Blütezeit:
Winter – Frühjahr

Aloe squarrosa

Familie: Grasliliengewächse (*Asphodelaceae*)
Herkunft: Insel Sokotra (Jemen) auf Kalksteinklippen; um 300 m Meereshöhe
Aussehen: Blütenstand erst im Alter, 10–20 cm hoch mit scharlachroten Blüten; bildet attraktive kleine Rosetten und kurze, sich an der Basis verzweigende Stämmchen, die ganz von den kleinen, spitz zulaufenden, hellgrünen Blättern umschlossen sind; weiße, rundliche Flecken und Randzähne beleben die Erscheinung
Standort: kann sowohl kühl (ab 5 °C) als auch warm überwintert werden; im Sommer im Freien ohne weiteres möglich
Pflege: wöchentliche Wassergaben in beheizten Räumen; bei kühler Überwinterung sehr selten und wenig wässern; Rückschnitt ohne weiteres möglich; Vermehrung durch Stecklinge
Verwendung: da klein und kompakt bleibend, eine ideale Pflanze und attraktive Erscheinung für jedes helle Fenster; im Sommer auch auf Terrasse und Balkon
Verwandte: *A. concinna* wird heute zu *A. squarrosa* gestellt, ist insgesamt etwas größer und noch lebhafter gefärbt

Größe:
bis 30 cm
Blütezeit:
Winter

Aloe variegata

Name: Tiger-Aloe
Familie: Grasliliengewächse (*Asphodelaceae*)
Herkunft: Namibia und Südafrika; im Schatten von Büschen, auf harten oder steinigen Böden
Aussehen: 30 cm hohe Blütenstände aus den Blattachseln mit zinnoberroten Blüten; stammlos und sprossend; ganze Pflanze dicht besetzt mit dreikantigen, weiß gemusterten Blättern, die 3-zeilig übereinander angeordnet sind
Standort: kann warm oder kühl überwintert werden, aber nicht unter 10 °C; im Sommer ist ein Platz im Freien möglich, jedoch vor praller Sonne schützen
Pflege: Hauptwachstumszeit ist Frühling und Herbst mit wöchentlichen Wassergaben; im Sommer und Winter nur alle 2 Wochen sparsam gießen; Vermehrung durch Samen oder Kindel, die vorsichtig an der Austriebsstelle entfernt werden
Verwendung: eine der populärsten Aloen; durch ihre Farbigkeit auch ohne Blüten ein Schmuck für jedes Fensterbrett
Besonderheiten: weniger heilkräftig als *A. vera,* kann sie dennoch ebenso bei Verbrennungen gute Dienste leisten

Größe: *bis 100 cm*
Blütezeit: *Sommer*

Aloe vera

Namen: Heil-Aloe, syn. *A. barbadensis* Miller
Familie: Grasliliengewächse (*Asphodelaceae*)
Herkunft: unsicher, möglicherweise Arabien
Aussehen: Blütenstand 60–90 cm mit gelben Blüten; dicht mit dickfleischigen, graugrünen Blättern besetzte Rosette; stammlos oder kurzen Stamm bildend
Standort: sonnige Fenster; im Sommer im Freien möglich; im Winter im beheizten Zimmer oder kühler ab 5 °C
Pflege: nach 7 sonnigen Tagen kräftig gießen; bei kühler Überwinterung alle 2–4 Wochen wenig, bei Zimmertemperatur auch im Winter regelmäßig sparsam wässern; Vermehrung durch Abtrennen der Kindel
Verwendung: kleine Pflanzen am Fensterbrett, größere in Kübeln am hellen Fenster; im Sommer Terrasse oder Balkon
Besonderheiten: äußerliche Anwendung des gelartigen Blattinneren fördert die Regeneration der Haut, heilt Entzündungen; innerliche stärkt Immunkräfte, fördert Heilungsprozesse
Verwandte: *A. indica* ist eine kleinwüchsigere, rot blühende, in Indien eingeführte Variante; auch andere Arten heilkräftig

Größe: *16 cm (nur Zwiebel)*
Blütezeit: *Sommer/ Herbst, vereinzelt bis Dez.*

Bowiea volubilis

Familie: Hyazinthengewächse (*Hyacinthaceae*)
Herkunft: Osten und Südosten Afrikas; trockene Savannen und Wälder
Aussehen: Blüten grün oder gelblich grün, nur 1–1,6 cm groß, relativ unscheinbar; aus einer Zwiebel treiben erst undifferenzierte Blätter, danach rankende und meterlange Seitentriebe, die sich später in kurze grüne Triebe verzweigen
Standort: am sonnigen oder halbschattigen Fenster; im Winter bei mindestens 10–15 °C halten
Pflege: während des Wachstums wöchentlich kräftig wässern; wenn die Triebe im Winter einziehen, das Gießen bis zum Frühjahr einstellen; Vermehrung durch Samen oder durch Brutzwiebeln
Verwendung: mit Rankhilfe Exotik am Fensterbrett
Besonderheiten: die Zwiebel wächst natürlicherweise unterirdisch, aber auch freiliegend; in Kultur ist es schöner, sie oberirdisch zu halten; beide *Bowiea*-Arten sind in der Republik Südafrika beliebte Medizinalpflanzen
Verwandte: *B. gariepensis* (bläulich überhauchte Triebe)

Größe:
bis 100 cm
Blütezeit:
Sommer

B

Brighamia insignis

Familie: Glockenblumengewächse (*Campanulaceae*)
Herkunft: Hawaii, auf Basaltklippen in Meeresnähe
Aussehen: Blütenstände mit kleinen, weißlichen bis gelben Blüten; flaschenförmiger, weichfleischiger Stamm mit hellgrauer Rinde, die mit Blattnarben übersäht ist; in der Natur bis 5 m hoch; am Ende des Stammes stehen die nicht sukkulenten, 12–30 cm großen, frischgrünen Blätter in einer Rosette zusammen; in der Ruhezeit laubabwerfend
Standort: am sonnigen bis halbsonnigen Fenster in beheizten Räumen; Frischluft ist günstig
Pflege: hat einen höheren Wasserbedarf als die meisten Sukkulenten, im Sommer 1- bis 2-mal wöchentlich, im Winter wöchentlich wässern; auf Spinnmilbenbefall achten; Vermehrung durch Samen
Verwendung: ungewöhnliche Rarität, die mit Fingerspitzengefühl im Wohnraum gepflegt werden will
Besonderheiten: endemisch auf Hawaii, nur wenige Populationen bekannt; vom Aussterben bedroht
Verwandte: monotypisch mit lokalen Ökotypen (Formen)

Größe: *bis 200 cm*
Blütezeit: *Spätsommer*

Ceropegia ampliata

Name: Leuchterblume
Familie: Seidenpflanzengewächse (*Asclepiadaceae*)
Herkunft: tropisches und subtropisches Afrika, Südafrika, Madagaskar
Aussehen: ungewöhnliche, weißliche bis hellgrüne, leuchterförmige Blüten, Kronzipfel innen gelb bis olivgrün, innen mit violettem, ringförmigem Querband; hängende oder kriechende, lange dünne Triebe von etwa 5 mm Durchmesser; kleine Blättchen, die rasch abfallen
Standort: am sonnigen bis halbschattigen Fenster; ganzjährig warm bei mindestens 15 °C halten
Pflege: regelmäßig gießen und düngen, im Winter etwas sparsamer; Vermehrung durch Kopf- oder Stammstecklinge, seltener durch Samen
Verwendung: für Ampeln im Zimmer; herrliche Blüten
Verwandte: *C. cimiciodora* (kriechende Triebe), *C. dichotoma* und *C. fusca* (beide mit aufrechten, dicken Trieben), *C. radicans* und *C. sandersonii* (beide rankende Triebe mit sukkulenten Blättern und auffallend großen Blüten)

C

Größe: *bis 10 cm, mit Wurzelknollen*
Blütezeit: *Sommer*

Ceropegia woodii ✿

Namen: Frauenhaar, Leuchterblume, botanisch *C. linearis* ssp. *woodii*
Familie: Seidenpflanzengewächse (*Asclepiadaceae*)
Herkunft: Kenia, Zimbabwe, Südafrika und Swasiland
Aussehen: einzelne, laternenartige, purpurbraune Blüten, 1–2 cm lang, mit rosagrünen Röhren und feinen Haaren besetzt; Wurzelknollen mit hängenden, immergrünen, meterlangen dünnen Sprossen; herzförmige sukkulente Blätter, mittelgrün, bis 1,8 cm groß, unterseits purpurn, oberseits häufig mit graugrüner oder purpurner Zeichnung; bildet häufig Bulbillen in den Blattachseln
Standort: sonnige bis halbsonnige Plätze bei mindestens 15 °C
Pflege: keine ausgesprochene Ruhezeit; wöchentliche Wassergaben und regelmäßiges Düngen; Vermehrung durch Stecklinge sowie Knollen
Verwendung: als interessante, platzsparende Ampelpflanze, im Zimmer kultiviert oder als Bodendecker im Wintergarten
Verwandte: 200 sukkulente *Ceropegia*-Arten mit überwiegend Wurzel-, Stamm- oder Blattsukkulenz

Größe:
bis 4 cm
Blütezeit:
Okt. – Nov.

Conophytum bilobum

Familie: Mittagsblumengewächse (*Aizoaceae*)
Herkunft: Südafrika (Northern Cape Provinz, Kleines Namaqualand)
Aussehen: bis 3 cm große, gelbe Blüten; grüne Köpfchen aus zwei verwachsenen Blättern, in deren Herz sich während der sommerlichen Ruhezeit zwei neue Blätter bilden, während die alten eintrocknen; bilden sprossend kleine Gruppen
Standort: sonnige Fenster; im Sommer nicht zu heiß, vertragen ab 10 °C; im Sommer im Freien nur mit Regenschutz
Pflege: im Hochsommer Ruhezeit ohne Wassergaben, ab September bis Mai alle 1–2 Wochen gießen; Vermehrung durch Teilung im Herbst oder durch Samen, die man einige Wochen lang unbedingt vor dem Austrocknen schützen muss
Verwendung: am sonnigen Fensterbrett in beheizten oder temperierten Zimmern sowie im Wintergarten
Verwandte: es gibt eine große Schar von *C. bilobum*-Varietäten, die meist gelb, aber bisweilen auch orange bis rot oder lila blühen; andere *Conophytum*-Arten sind meist kleiner; nahe verwandt mit den Lebenden Steinen (*Lithops*)

Größe:
bis 7 cm
Blütezeit:
Dez. – Feb.

Crassula columnaris

Familie: Dickblattgewächse (*Crassulaceae*)
Herkunft: Südafrika, vorwiegend in der Sukkulenten-Karoo (Wüstenregion) auf Kiesebenen
Aussehen: 1 cm hohe, traubige Köpfchen mit weißlichen, süßlich duftenden Blüten; Spross eintriebig oder sich verzweigend, ganz von 8–10 Blattpaaren eingehüllt, sodass ein 2–3,5 cm dicker Körper entsteht
Standort: sonnig bis halbsonnig, jedoch vor praller Sonne schützen; nicht unter 15 °C
Pflege: im Frühjahr und Sommer nur mäßig gießen, im Winter regelmäßig in 1- bis 2-wöchigem Abstand; Vermehrung durch Samen und durch Stecklinge der gelegentlich auftretenden Seitensprosse
Verwendung: eine sehr hübsche Pflanze am Fensterbrett; attraktiv zu arrangieren in flacher Terrakotta, zusammen mit anderen Hochsukkulenten wie *Euphorbia obesa*
Besonderheiten: als Winterblüher eine der wenigen Sukkulenten, die ihre Hauptentwicklung dann haben, während viele andere Arten ruhen

Größe:
8–12 cm
Blütezeit:
Mai

Crassula-Hybride 'Buddhas Tempel' ✲

Familie: Dickblattgewächse (*Crassulaceae*)
Herkunft: Kultivar; Hybride zwischen *C. pyramidalis* aus der Kleinen Karoo-Wüste in Südafrika und *C. perfoliata* var. *minor*, ebenfalls aus Südafrika (östliche Kapregion)
Aussehen: kurze Blütenstände mit kleinen weißen Blütchen, außen hellrosa; dicht gepackte, dunkelgrüne Blätter bilden eine zylindrische Pyramide
Standort: sonnige und halbsonnige Fenster, vor praller Sonne schützen; im Winter kühl bei 8–15 °C möglich
Pflege: bei warmer Überwinterung regelmäßig, aber vorsichtig wässern; bei kühler Winterruhe relativ trocken halten; Vermehrung durch Blatt- und Spross-Stecklinge
Verwendung: Diese kleine und besonders schöne Sorte ist gut geeignet für die Fensterbrettpflege bei Zimmertemperatur, aber auch im Wintergarten oder Gewächshaus.
Besonderheiten: eine seltene, kleine Kostbarkeit
Verwandte: Für eine Reihe kleinwüchsiger *Crassula*-Arten lohnt sich das Sammeln: *C. barklyi* ist dunkelgrün; *C. tecta* ist graugrün.

Größe:
8–10 cm
Blütezeit:
Feb. – April

Crassula-Hybride 'Morgan's Beauty' ✲

Familie: Dickblattgewächse (*Crassulaceae*)
Herkunft: Kultivar; vom Elternteil *C. perfoliata* var. *minor* (syn. *C. falcata*, Südafrika, östliche Kap-Provinz) stammt die rosa Blütenfarbe sowie die Pflegeleichtigkeit; das andere Elternteil, *C. mesembryanthemopsis* (→ Seite 185), ist alleine empfindlich, steuerte aber hier Kompaktheit und Blühzeitpunkt bei
Aussehen: kurze, kompakte, langlebige Blütenstände mit kleinen zartrosa Blüten, erscheinen sehr zeitig im Jahr; der sehr kurze Spross trägt graue, dickfleischige, papillös samtige Blätter, die dicht aufeinander sitzen
Standort: kann warm oder kühl überwintert werden; wird am schönsten, wenn sie bis Januar kühl (ab 5 °C) gehalten wird und dann bei Zimmertemperatur die Blüten entwickeln kann
Pflege: bei kühlem Winterstand seltener gießen, bei warmer Überwinterung alle 2 Wochen etwas Wasser geben; Vermehrung über Kopf- oder Blattstecklinge
Verwendung: eine sehr leicht zu pflegende, attraktive und platzsparende Pflanze für die Fensterbank

Größe:
bis 25 cm
Blütezeit:
Frühling – Hochsommer

Crassula lycopodioides ✿

Namen: Rattenschwanz-Crassula, Schnürsenkel-Crassula; wird heute botanisch als *C. muscosa* bezeichnet
Familie: Dickblattgewächse (*Crassulaceae*)
Herkunft: Namibia und Südafrika
Aussehen: sehr kleine, grünlich gelbliche Blütchen in den Blattachseln; ungestielte, wenige Millimeter große, grasgrüne Blättchen, ziegelartig aufgetürmt an schlanken, bis 25 cm hohen Trieben; wenig verzweigt
Standort: ein Multitalent, das sich bei Temperaturen ab 5 °C wohl fühlt, aber auch beheizte Räume gut erträgt
Pflege: ganzjährig mäßige Wassergaben, im Winter sparsamer bei Temperaturen von 10–15 °C; verzweigt sich schön buschig, wenn sie gestutzt wird; Vermehrung durch Kopf- und Stamm-Stecklinge, die zu mehreren gesteckt werden
Verwendung: eine dankbare und sehr attraktive Form für die Fensterbank oder als Bodendecker im Wintergarten
Verwandte: gröber und größer ist die als *C. lycopodioides* var. *purpusii* im Handel befindliche Form; einige attraktive variegate Formen in Kultur sowie sehr selten auch Cristaten

Größe:
4–5 cm
Blütezeit:
Herbst – Winter

Crassula mesembryanthemopsis

Familie: Dickblattgewächse (*Crassulaceae*)
Herkunft: Südnamibia, nördliches Südafrika (im Namaqualand); auf Quarzkiesebenen
Aussehen: kleine, weiße bis cremefarbene Blüten, dicht gedrängt in einem Köpfchen an einem maximal 2 cm hohen Blütenstand; dicke, graugrüne, feinwarzige Blätter, die dicht in Rosetten angeordnet sind; in der Natur ganz im Boden eingesenkt, nur die stumpfen Blattspitzen ragen heraus; bildet sprossend Polster
Standort: am sonnigen Fenster; im Sommer mit Regenschutz auch im Freien; im Winter bei 5–15 °C trocken halten
Pflege: rein mineralische, stark quarzhaltige Erde; sehr wenig gießen; Vermehrung durch Stecklinge der Seitensprosse, Blattstecklinge und Samen; alte Blütenstände und eingezogene Blätter entfernen, um Schäden zu vermeiden
Verwendung: sehr begehrte und attraktive Kleinpflanze für den geduldigen Liebhaber; im Gewächshaus, am Fensterbrett
Besonderheiten: eine selten schöne, langsam wachsende Art, die in der Pflege aber nicht ganz einfach ist

Größe:
bis 100 cm
Blütezeit:
Winter – zeitiges Frühjahr

Crassula portulacea

Namen: Geldbaum, *C. ovata*
Familie: Dickblattgewächse (*Crassulaceae*)
Herkunft: Südafrika (Valley Bushveld); wächst auf Felsen
Aussehen: blüht mit kleinen, sternförmigen Blüten, weiß oder leicht rosa, in kleinen, straußartigen Blütenständen; sukkulente, grasgrüne bis dunkelgrüne Blätter mit stumpfer Spitze, manche Formen rötlich gerandet; aufrechte, sich stark verzweigende Sträucher; am Heimatstandort bis 250 cm hoch
Standort: jeder sonnige oder halbsonnige Fensterplatz ist geeignet; warme oder kühle Überwinterung bei mindestens 5 °C möglich; Blüte scheint von kühler trockener Ruhe ab Oktober abhängig zu sein
Pflege: anspruchslos; einmal wöchentlich gießen, im Winter seltener; Vermehrung gelingt leicht durch Kopfstecklinge, auch Stamm- und Blattstecklinge sowie Aussaat sind möglich
Verwendung: eine robuste und leichtwüchsige, attraktive Pflanze für Fensterbretter in Wohnräumen, für Wintergärten; große Exemplare für die Innenraumbegrünung
Verwandte: eine Miniaturform ist *C. portulacea* var. *minor*

C

Größe:
80–150 cm
Blütezeit:
Sept. – Okt.

Cynanchum marnierianum ✿

Familie: Seidenblumengewächse (*Asclepiadaceae*)
Herkunft: Madagaskar (Toliara)
Aussehen: Blüten gelb, werden jeweils in Büscheln überall am Spross gebildet und ähneln Laternen; schwach nach Honig duftend, sehr blühwillig; bildet blattlose, knorpelige Triebe, etwa 4–6 mm dick, hängend
Standort: am hellen Fenster; je mehr Licht, desto sicherer die Blüte; Überwinterung im beheizten Zimmer
Pflege: pflegeleichte Pflanze; humoses Substrat verwenden; ganzjährig mäßig gießen, im Winter etwas weniger wässern; wenn die Triebe zu lang werden, kann man sie ohne weiteres stutzen und zur Stecklingsvermehrung nutzen; Vermehrung durch Kopf- und Stammstecklinge; am besten mehrere in einen Topf setzen
Verwendung: in Ampeln am Fenster besonders schön
Besonderheiten: attraktive Pflanze, die durch die warzige und wachsige Oberfläche sehr exotisch wirkt
Verwandte: die wenigsten sind in Kultur verbreitet, z. B. *C. perrieri* (mit stehenden und niederliegenden Trieben)

Größe:
bis 20 cm
Blütezeit:
Juni – Sept.

Delosperma cooperi ✿

Familie: Mittagsblumengewächse (*Aizoaceae*)
Herkunft: Südafrika (Provinz Free State)
Aussehen: leuchtend violette Blüten, 3–6 cm im Durchmesser, die bis zu den ersten Nachtfrösten erscheinen; krautig-verholzende Sprosse, die sich stark verzweigen und so große Polster bilden; sie tragen 5–6 cm lange und 0,6 cm dicke sukkulente Blätter
Standort: im Freien an gut dränierten Stellen; kann zurückfrieren, daher ist ein geschützter Standort von Vorteil; exponierte Standorte sollte man vermeiden
Pflege: verträgt viel Trockenheit, daher nur wässern, wenn sie kein Wasser erreicht; kann sich im Laufe einer Saison bis 1 m ausbreiten, daher regelmäßig eingrenzen; Vermehrung durch Kopf- und Stammstecklinge, Teilung oder Samen
Verwendung: wunderbarer Bodendecker für Steingarten, Mauern, Dachüberstände und trockene Beete; ebenfalls geeignet für kalte Wintergärten
Besonderheiten: eine der robustesten und wüchsigsten Bodendecker dieser exotischen Gattung

D

Größe:
2–3 cm
Blütezeit:
Sommer

Delosperma nubigenum ✲

Familie: Mittagsblumengewächse (*Aizoaceae*)
Herkunft: Südafrika (Free State, Qua Qua) und Lesotho; in Felsspalten in 3000 m Höhe
Aussehen: herrlich leuchtende, einzelne, 3,5 cm große, gelbe Blüten auf kurzem Stiel; kriechende, dünne Sprosse, die verzweigend Kolonien bilden mit auffällig gelblich grasgrünen Blättchen; diese sind dicht sitzend, bis 1,8 cm lang und fast ebenso dick
Standort: im Freien oder kalten Gewächshaus in gut dräniertem Boden; gern über Steine wachsend
Pflege: zu weit sich ausbreitende Matten zurückschneiden; Zurückfrieren in sehr strengen Wintern ist möglich, Wurzeln treiben aber wieder aus; Vermehrung durch Blatt-, Kopf- und Stammstecklinge von Mai bis Juli
Verwendung: für Trockensteinmauern, Steingärten und größere Kübel und Tröge als Bodendecker
Besonderheiten: mit den auffällig hellgrünen Blättern ein schöner Kontrast zu winterharten Kakteen, das frische Hellgrün findet sich sonst fast nie bei winterharten Sukkulenten

Größe:
10–20 cm
Blütezeit:
Dez. – zeitiges Frühjahr

Echeveria pulvinata ✿

Familie: Dickblattgewächse (*Crassulaceae*)
Herkunft: Mexiko (Oaxaca)
Aussehen: orangefarbene Blüten, in rispigen Trauben angeordnet; sich verzweigende Triebe mit einem rosettenartigen Schopf dicker, behaarter Blätter
Standort: am sonnigen oder halbsonnigen Fenster; im Winter kühler Stand bei 5–15 °C
Pflege: in gut durchlässige, humos-mineralische Erde pflanzen, öfters umtopfen; Vermehrung in der Regel durch Kopfstecklinge, selten durch Samen, auch Blattstecklinge möglich
Verwendung: sehr dekorativer Schmuck am sonnigen Fenster, besonders die Formen mit rötlich behaarten Blättern
Besonderheiten: eine weiß behaarte Standortform aus Oaxaca wird heute als 'Frosty' im Handel vertrieben
Verwandte: *E. agavoides* (agavenähnlich), *E. gibbiflora* (mit hellgrünen, kahlen Blättern), *E. glauca* var. *pumila* (bläulich), *E. laui* (durch eine Wachsschicht ganz weiß), *E. leucotricha* und *E. pilosa* (behaart), *E. setosa* 'Blue-Miracle' (eine besonders schöne blaue Form)

Größe:
bis 15 cm
Blütezeit:
Frühjahr

E

Euphorbia aeruginosa

Name: Bäumchen-Wolfsmilch
Familie: Wolfsmilchgewächse (*Euphorbiaceae*)
Herkunft: Südafrika (Transvaal); in Felsspalten und auf tiefgründigen, sandigen Böden
Aussehen: intensiv gelbe Cyathien, maximal 15 cm hoch; Sprosse hellgrün bis blaugrün und gemustert, sich verzweigend, hübsche Kandelaberform bildend
Standort: sonnige und halbsonnige Fenster, mindestens 10 °C
Pflege: im Frühjahr und Sommer wöchentlich, im Winter reduziert gießen; Vermehrung durch Stecklinge im Sommer, Bodenwärme ist förderlich zur Bewurzelung
Verwendung: als Fensterbrett-Zimmerpflanze; passt gut zu *Adenium* und *Pachypodium*
Besonderheiten: enthält wie alle Wolfsmilchgewächse einen ätzenden Milchsaft; Hautkontakt sollte man vermeiden
Verwandte: von den insgesamt ca. 500 sukkulenten *Euphorbia*-Arten haben ebenfalls interessant gemusterte und gefärbte Sprosse *E. confinalis, E. eyassiana, E. greenwayi, E. lactea, E. quadrangularis* und andere

Größe:
bis 7,5 cm
Blütezeit:
Mai – Okt.

Euphorbia globosa

Familie: Wolfsmilchgewächse (*Euphorbiaceae*)
Herkunft: Südafrika (Eastern Cape)
Aussehen: Cyathien bis 2 cm, zwittrig, grünlich bräunlich mit weißen Nektardrüsen, auf deren länglichen Fortsätzen helle Grübchen aufgereiht sind; caudiciformer Körper, bis 3 cm Durchmesser, bildet in Bodennähe ein Kissen dicht gedrängter Zweige mit hervorstehenden Warzen
Standort: sehr sonnige Fenster; nicht unter 12 °C
Pflege: von Mitte Oktober bis Ende März in Ruhe ganz trocken lassen, normale wöchentliche Wassergaben von April bis Ende September; geschützt im Sommer auch im Freien
Verwendung: interessante Art für den erfahrenen Liebhaber; mit eigentümlichem Wuchs und ebensolchen Blütenständen
Besonderheiten: die als Cyathium bezeichneten Blütenstände mit sehr reduzierten Blüten haben erst eine männliche, später im Alter eine weibliche Phase; im Frühjahr erscheinen manchmal „nackte" weibliche Blüten ohne Nektardrüsen
Verwandte: ein sehr ähnliches Aussehen haben *E. ornithopus, E. polycephala, E. tridentata*

Größe:
bis 150 cm
Blütezeit:
zeitiges Frühjahr

Euphorbia gottlebei

Familie: Wolfsmilchgewächse (*Euphorbiaceae*)
Herkunft: südwestliches Madagaskar; auf steilen, bewaldeten Kalksteinhängen um 500 m Höhe
Aussehen: dornige Triebe mit gestauchten Seitentrieben; 2 mm schmale Blättchen, bis 6 cm lang, an den Seitentrieben nur 3 cm; kräftige Nebenblattdornen mit dick geschwollener Basis, die Oberfläche bedeckend
Standort: helle bis halbsonnige Fenster, keine pralle Mittagssonne; im Winter mindestens 15 °C
Pflege: reichliche wöchentliche Wassergaben, während der Wintermonate reduziert gießen; Vermehrung durch Samen
Verwendung: eine dekorative Pflanze für das Fensterbrett
Besonderheiten: Noch vor den Blättern bilden sich im zeitigen Frühjahr die Blüten mit den auffälligen, leuchtend roten, 6–8 mm kleinen Cyathophyllen (Hochblättern) an 3 cm langen Blütenständen.
Verwandte: *E. rossii* mit gelbem Cyathium und grünlichen Hochblättchen, bildet aber im Gegensatz zu *E. gottlebei* eine knollige Wurzel

Größe:
bis 100 cm
Blütezeit:
April – Nov.

Euphorbia horrida ✲

Familie: Wolfsmilchgewächse (*Euphorbiaceae*)
Herkunft: Südafrika (Eastern Cape)
Aussehen: bis 4 cm lange Blütenstände, an deren Spitze ein bräunlich grünes Cyathium mit leuchtend gelben Staubgefäßen oder Narben sitzt; diese werden erst von älteren blühfähigen Pflanzen ausgebildet, bei jüngeren verdornen diese mit Schuppenblättchen besetzten Infloreszenzen, bevor sie zur Blüte kommen und bilden so genannte Infloreszenzdornen; Sprosse in der Jugend kugelig, später längliche Triebe, die, sich an der Basis verzweigend, Büsche bilden
Standort: sonnige bis halbsonnige Fenster; im Sommer geschützt im Freien; im Winter 10–18 °C
Pflege: bei hohen Temperaturen wöchentlich kräftige Wassergaben, bei niedrigen Temperaturen selten und sehr wenig gießen; Vermehrung durch Samen
Verwendung: kleine Pflanzen am Fensterbrett, größere im Wintergarten oder zur Innenraumbegrünung
Besonderheiten: zweihäusig, d. h. es gibt Pflanzen mit Cyathien weiblicher Blüten und andere mit rein männlichen

Größe:
über 200 cm
Blütezeit:
Spätsommer – Winter

E

Euphorbia ingens ✲

Name: Kandelaber-Wolfsmilch
Familie: Wolfsmilchgewächse (*Euphorbiaceae*)
Herkunft: Küstenzone Natals, tropische Gegenden Afrikas
Aussehen: recht unscheinbare gelbe Blüten (Cyathien); baumartiger Wuchs; in der Natur bis 10 m hoch werdend
Standort: sonnig bis halbsonnig; Überwinterung bei Zimmertemperatur, ab Anfang November auch bei 10–15 °C; verträgt Temperaturschwankungen gut (z. B. Zugluft)
Pflege: zum Pflanzen Kakteenerde verwenden; von März bis Oktober alle 2–4 Wochen durchdringend gießen, dazwischen wieder austrocknen lassen; in beheizten Räumen im Lauf des Winters 3- bis 4-mal mäßig gießen, bei kühler Überwinterung gar nicht; zurückschneiden, wenn zu hoch werdend; Vermehrung durch Samen oder Stecklinge (den Milchsaft mit heißem Wasser zum Gerinnen bringen)
Verwendung: ideale Zimmerpflanze für sehr helle Standorte
Besonderheiten: *Euphorbia* ist eine der artenreichsten Sukkulenten-Gattungen. Der milchartige Saft kann zu Reizungen der Haut führen. Vorsicht! Nicht in die Augen bringen.

Größe:
bis 70 cm
Blütezeit:
ständig

Euphorbia × lomi ✿

Namen: Christusdorn, Kreuzung von *E. lophogona × milii*
Familie: Wolfsmilchgewächse (*Euphorbiaceae*)
Herkunft: Kultivar; erstmals als Naturhybride auf Madagaskar, 50 km von Taolanaro, entdeckt
Aussehen: Blütenstände bis ca. 8 cm, wenig verzweigt, haben einen klebrigen Stiel; Cyathophylle (= gefärbte Hochblättchen) rosa, rot, weiß oder gelb; schlanke Sprosse, die sich verzweigen und kleine Büsche bilden; bildet grüne, stumpfe, verkehrt eiförmige Tragblätter; die Dornen sind verdornte Nebenblätter
Standort: ganzjährig Zimmertemperatur am hellen Fenster, mindestens jedoch 12 °C
Pflege: regelmäßige Wassergaben, 1- bis 2-mal pro Woche; bei 12–16 °C sparsam gießen; Vermehrung durch Stecklinge, die Bewurzelungstemperatur sollte 20–22 °C betragen
Verwendung: pflegeleichte Zimmerpflanze
Besonderheiten: Diese neuen Zuchtformen vom ursprünglichen Christusdorn (*E. milii*) haben keine Blühpausen mehr und benötigen keinerlei Ruhephase.

Größe:
bis 20 cm
Blütezeit:
März – Aug.

Euphorbia obesa ✲

Namen: Baseball-Wolfsmilch, *E. obesa* ssp. *obesa*
Familie: Wolfsmilchgewächse (*Euphorbiaceae*)
Herkunft: Südafrika (Eastern Cape)
Aussehen: Monosexuelle, d. h. zweihäusige Pflanze (produziert nur männliche oder nur weibliche Blüten auf einer Pflanze), einzelne Cyathien aus der Scheitelregion; einzelne kugelige, unverzweigte Triebe, die sich später zu kurzen Säulen verlängern; olivgrün mit purpurnen Querlinien; 8 Rippen, dazwischen seichte Furchen
Standort: ein Alleskönner; gedeiht sowohl ganzjährig bei Zimmertemperatur als auch kühler (bis 6 °C)
Pflege: in der Wachstumszeit (April bis Oktober) wöchentlich wässern; von November bis März bei Zimmertemperatur alle 2–3 Wochen sparsam wässern, bei 6 °C ganz trocken halten
Verwendung: aparte, klein bleibende Fensterbrettpflanze
Besonderheiten: Als Musterbeispiel für Konvergenz bildet *E. obesa* eine sehr ähnliche Gestalt wie das nicht verwandte *Astrophytum asterias* bei den Kakteen und *Larryleachia cactiformis* bei den Seidenpflanzengewächsen.

Größe:
400–700 cm
Blütezeit:
Sommer

Euphorbia tirucalli ✿

Name: Bleistift-Wolfsmilch
Familie: Wolfsmilchgewächse (*Euphorbiaceae*)
Herkunft: tropisches und subtropisches Afrika, Arabische Halbinsel, Madagaskar, Indien, Ferner Osten
Aussehen: sehr kleine, unscheinbare Cyathien; sehr kleine Blättchen, fallen rasch ab; verzweigte Sträucher oder Bäume
Standort: warme oder kühle Überwinterung bei mindestens 8 °C möglich; kann im Sommer auch draußen stehen
Pflege: mäßige Wassergaben; je sparsamer gewässert wird, desto kräftiger und kompakter entwickeln sich die Triebe; Vermehrung durch Stecklinge
Verwendung: leichtwüchsige Zimmerpflanze; große Exemplare als Blickfang in der Innenraumbegrünung
Besonderheiten: besitzt sehr ätzenden Milchsaft, der in Kenia als Fischfanggift eingesetzt wird
Verwandte: es gibt eine ganze Reihe von Formen bzw. Sorten, die sich in Farbe ('Sunfire': in der Sonne gelb-rote Sprosse, 'Laroo': braune Sprosse) und Behaarung ('Stick on fire': orangegelber Filz) unterscheiden

Größe:
bis 8 cm
Blütezeit:
Aug. – Dez.

Faucaria tigrina ✿

Name: Tigerrachen
Familie: Mittagsblumengewächse (*Aizoaceae*)
Herkunft: Südafrika (Eastern Cape, in einem beschränkten Gebiet um Grahamstown) in sandigen Böden
Aussehen: blüht leuchtend goldgelb – wie typisch für alle *Faucaria*-Arten –, Blüten etwa 5 cm im Durchmesser; kleine Rosetten dickfleischiger Blätter mit dicht stehenden Zähnen am Blattrand (daher der Name); sie verzweigen sich und bilden kleine Polster
Standort: am Süd-, Ost- oder Westfenster; auch im Winter bei Zimmertemperatur halten
Pflege: in sandige Erde pflanzen; ganzjährig mäßig wässern, im Sommer etwas mehr als im Winter; Vermehrung durch Samen oder Kopfstecklinge
Verwendung: faszinierende Gewächse für die Fensterbank
Verwandte: *F. albidens* (Blattränder mit weißen Zähnen), *F. bosscheana* (ohne Zähne), *F. britteniae* (graugrün), *F. felina* (mit vielen feinen Zähnen), *F. paucidens*, *F. subintegra*, *F. tuberculosa* (mit rau gewarzter Oberfläche)

Größe:
bis 15 cm
Blütezeit:
Aug. – Nov.

Fenestraria rhopalophylla

Name: Fensterblatt
Familie: Mittagsblumengewächse (*Aizoaceae*)
Herkunft: Südafrika (Richtersveld in Küstennähe), Namibia
Aussehen: lang gestielte, einzelne Blüten bis 8 cm Durchmesser; die saftigen Blätter sehen aus wie hochstehende Finger oder Babyzehen (daher der englische Name „Baby Toes"), die abgeflachte Blattspitze (= Fenster) ist durchscheinend, sodass Sonnenlicht ins Blattinnere fällt
Standort: sehr helle und sonnige Fenster; während der Sommermonate kann sie windgeschützt im Freien stehen; im Winter an einem sehr hellen Ort mit mindestens 14 °C
Pflege: empfindlich gegen Feuchtigkeit; wächst im Winter, im Hochsommer Trockenruhe einhalten; Vermehrung durch Samen, selten durch Teilung; nie zu tief pflanzen: Blattspitzen sollten 10–15 mm aus der Erde ragen
Verwendung: Kleinpflanze für das sonnige Fensterbrett; von Kies umgeben, kommt sie am schönsten zur Geltung
Verwandte: *F. rhopalophylla* ssp. *aurantiaca* (orangegelbe Blüten), *F. rhopalophylla* ssp. *rhopallophylla* (weiß)

F

Größe:
20–30 cm
Blütezeit:
Frühjahr

Fockea edulis ✲

Familie: Seidenpflanzengewächse (*Asclepiadaceae*)
Herkunft: Südafrika (Western Cape, Eastern Cape und Swasiland); fast immer in Küstennähe
Aussehen: Blüten klein und unauffällig, hell- bis gelbgrün, in Blütenständen zu 2–6; Stamm und Wurzel sind zu einer Sprossknolle verdickt (Caudex), die bizarre Formen ausbilden kann
Standort: am sonnigen bis hellen Fenster, im Freien nur halbschattig; toleriert kühle Überwinterung, aber besser ist es, sie ganzjährig warm zu halten, damit die Blätter nicht abgeworfen werden
Pflege: anspruchslose, tolerante Pflanze, die gleichmäßige Temperatur ebenso verträgt wie große Temperaturschwankungen; bei kühler Überwinterung und Laubfall das Gießen einstellen; Vermehrung durch Samen
Verwendung: mit ihrer ungewöhnlichen und bizarren Form ein „Hingucker" (im sonnigen Zimmer)
Verwandte: *F. capensis* (inklusive *F. crispa;* gewellte Blätter und starke Behaarung), *F. multiflora* (Blüten gelb bis grün)

Größe:
100–200 cm
Blütezeit:
Spätsommer

Fouquieria columnaris

Namen: Cirio, syn. *Idria columnaris*
Familie: Ocotillogewächse (*Fouquieriaceae*)
Herkunft: Mexiko (Zentrum der Baja California)
Aussehen: duftende, cremeweiße, 6–8 mm große Blüten an bis zu 60 cm langen Rispen, erst bei Pflanzen ab 180 cm Größe; normalerweise einstämmig mit grünlich grauer Rinde, an der Basis flaschenförmig, bis 60 cm dick, mit vielen dünnen, bis 60 cm langen, spiralig angeordneten Seitentrieben; bildet Dornen und Blättchen; in der Natur bis 18 m hoch
Standort: sonnige Fenster; nicht unter 12 °C
Pflege: in der Wachstumszeit mäßige Wassergaben; Blattfall zeigt Wachstumsruhe an, in der nicht gegossen wird; Vermehrung durch Samen, keimt extrem langsam
Verwendung: begehrte Seltenheit für den Liebhaber im geeigneten Gewächshaus oder Wintergarten
Besonderheiten: das Holz findet Verwendung als Baumaterial, für Kunsthandwerk und Übertöpfe
Verwandte: weit verbreitet im Südwesten von Nordamerika ist *F. splendens* mit roten Blütenständen

Größe:
4–5 cm
Blütezeit:
Frühjahr – Sommer

Frithia pulchra ✿

Familie: Mittagsblumengewächse (*Aizoaceae*)
Herkunft: Südafrika (Provinz Nord-West); auf quarzhaltigen Sandsteinfelsen und in Pfannen (= salzreiche Senken)
Aussehen: dekorative Blüten in leuchtendem Purpurrosa mit weißem Zentrum; bilden zwergige Gruppen kompakter Pflanzen mit 6–9 Blättern in einer Rosette; in der Natur ragen als Verdunstungsschutz nur die Blattspitzen mit einem durchscheinenden „Fenster" aus dem Boden (vgl. → Seite 200)
Standort: am sonnigen Fenster; im Winter nicht unter 12 °C, Zimmertemperatur ist optimal
Pflege: pflegeleicht; im Frühjahr und Sommer regelmäßig wässern, im Winter trockener halten; Vermehrung durch Samen
Verwendung: attraktiver Vielblüher für das Zimmerfenster
Besonderheiten: sehr hübsche Pflanze; eine der beliebtesten sukkulenten Mittagsblumengewächse
Verwandte: *F. humilis* (auch *F. occidentalis* oder *F. pulchra* var. *minima* genannt) trägt viele kleinere, weiß-rosa Blüten mit gelbem Zentrum

Größe:
bis 20 cm
Blütezeit:
Winter – Frühjahr

Gasteria glomerata ✲

Familie: Grasliliengewächse (*Asphodelaceae*)
Herkunft: Südafrika (Eastern Cape) an südexponierten, fast senkrechten Felswänden
Aussehen: Blüten an bis 20 cm hohen Rispen, rötlich rosa mit einem bauchigen Teil, der sich zu einer schlanken, grünlichen Röhre mit 4 mm Durchmesser einschnürt; stammlos, bildet, sich verzweigend, kugelige Gruppen; dicke Blätter zweizeilig angeordnet mit rauer, bläulich graugrüner Oberfläche
Standort: ideal für die dauerhafte Pflege im beheizten Zimmer; im Sommer auch ohne weiteres im Freien, verträgt aber auch kühle Temperaturen ab 5 °C
Pflege: pflegeleichte, im Winter wachsende Art; je nach Temperatur alle 1–4 Wochen wässern; Vermehrung durch Teilung
Verwendung: sehr schöne, kompakte, klein bleibende Art für fast alle hellen Fenster und Wintergärten
Verwandte: *G. bicolor* syn. *maculata* (helle, gefleckte Blätter), *G. bicolor* var. *liliputana* (kleine Rosette schlanker, weiß gefleckter Blätter), *G. glauca* (Rosette bläulicher Blätter), *G. nitida* var. *armstrongii* mit kleinen olivfarbenen Blättern

Größe:
bis 13 cm
Blütezeit:
Sommer

Haworthia attenuata ✲

Familie: Grasliliengewächse (*Asphodelaceae*)
Herkunft: Südafrika (Eastern Cape)
Aussehen: weiße Blüten an spärlich verzweigtem, 24–28 cm hohem Blütenstand; stammlose, 10 cm breite, sprossende Rosette; dunkelgrüne Blätter mit hellen erhabenen Warzen, vor allem auf der Blattunterseite in Quermustern
Standort: in der Natur immer unter freiem Himmel, aber von der direkten Sonne abgewandt; daher an Nordfenstern und Fenstern ohne pralle Sonne ab 12 °C
Pflege: auch im Winter mäßig wässern, da die meisten Haworthien im Herbst und Winter wachsen; Vermehrung über Stecklinge der reichlich sprossenden Seitentriebe sowie durch Samen möglich
Verwendung: Blattschönheit fürs Fensterbrett; passt gut zu *Aloe, Gasteria, Hatiora* und *Schlumbergera*
Verwandte: zahlreiche Arten und Varietäten, die heute alle als *H. attenuata* bezeichnet werden; heute unterscheidet man noch *H. attenuata* ssp. *attenuata* von *H. attenuata* ssp. *radula* (zahlreichere, winzige, gedrängte, weiße Warzen)

Größe:
bis 10 cm
Blütezeit:
Sommer

Haworthia springbokvlakensis

Familie: Grasliliengewächse (*Asphodelaceae*)
Herkunft: Südafrika (Eastern Cape, im Osten der Kleinen Karoo-Wüste)
Aussehen: Blüten weiß mit bräunlicher Nervatur, an 20–25 cm hohen Blütenständen; kleine stammlose Rosette dicker, zurückgebogener Blätter, die ganz in die Erde eingesenkt ist; dunkelolivgrün, bei Besonnung sich rotbraun verfärbend
Standort: helle Fenster, aber pralle Sonne unbedingt vermeiden; nicht unter 15 °C
Pflege: mäßige Wassergaben, im Sommer sehr sparsam, ab Herbst kräftiger gießen, da Winterwachser; Vermehrung durch Samen, wächst sehr langsam
Verwendung: eine ungewöhnliche, kleine Pflanze, die Platz findet auf jedem hellen Fensterbrett im Wohnraum
Besonderheiten: In der Natur ragen nur die lichtdurchlässigen „Fenster" (= durchscheinende Blattspitzen, vgl. → *Fenestraria*, Seite 200) aus der Erde, mit kurzen Längsrillen.
Verwandte: *H. emelyae* (Blätter dunkelgrün, hell liniert), *H. reinwardtii* (stammbildende Rosette)

Größe:
8–10 cm
Blütezeit:
Sommer – Herbst

Haworthia truncata

Familie: Grasliliengewächse (*Asphodelaceae*)
Herkunft: Südafrika (Western Cape, Kleine Karoo-Wüste)
Aussehen: Blüten weiß mit bräunlichen Adern, mehrere in einer bis 20 cm hohen Rispe; kleine stammlose Rosetten, im Alter sprossend und Gruppen bildend; die Blattspitzen enden plötzlich, wie abgeschnitten
Standort: am hellen Fenster, jedoch pralle Sonne vermeiden; möglichst auch im Winter bei Zimmertemperatur, da sie in dieser Jahreszeit wächst
Pflege: ganzjährig mäßig gießen, im Hochsommer reduziert, nie lange austrocknen lassen; Vermehrung durch Samen oder, bei älteren Exemplaren, Abtrennen von Tochterpflanzen
Verwendung: bizarre Pflanze für das helle Fenster
Besonderheiten: Die Blätter haben durchscheinende Endflächen („Fenster"), sie sind am Naturstandort das Einzige, was aus dem Boden ragt (vgl. → *Fenestraria*, Seite 200).
Verwandte: *H. truncata* var. *truncata* hat breite Blätter, die meist zweizeilig angeordnet sind; *H. truncata* var. *maughanii* hat vielzeilig angeordnete Blätter mit rundem Querschnitt

Größe:
bis 100 cm
Blütezeit:
Aug. – Sept.

Hoodia gordonii

Familie: Seidenpflanzengewächse (*Asclepiadaceae*)
Herkunft: Südafrika (Northern Cape) und Namibia; Winterregengebiete meidend
Aussehen: merkwürdige, blass fleischfarbene Blüten, Blütenblätter sind zu einem bis 10 cm großen, fast kreisrunden Schirm verwachsen; Triebe graugrün oder graubraun, bis 5 cm dick, sie tragen Warzen mit Dornen
Standort: vollsonnige oder halbsonnige Fenster; liebt Wärme, mindestens 15 °C
Pflege: rein mineralische Erde verwenden; während der Sommermonate wöchentlich mäßig gießen bei mindestens 18 °C; ab Oktober trocken halten; Vermehrung durch Samen
Verwendung: für das warme Fensterbrett oder Wintergarten
Besonderheiten: Buschmänner vom Stamm der Khoi-San stillen ihren Hunger und Durst während langer Jagdwanderungen mit *Hoodia*-Pflanzenteilen. Erst kürzlich wurde die appetitzügelnde Wirkung wissenschaftlich bestätigt. Die San erhielten erst nach öffentlichem Druck einen kleinen Teil der Lizenzgebühren zugesprochen.

Größe: *bis 100 cm lange Triebe*
Blütezeit: *spätes Frühjahr – früher Herbst*

Hoya kerrii ✿

Namen: Wachsblume, Lieblings- oder Valentin-Hoya
Familie: Seidenpflanzengewächse (*Asclepiadaceae*)
Herkunft: Nordthailand, Laos und Kambodscha, China, Südvietnam und Indonesien (Java)
Aussehen: Blütenstand mit eigenartigen, weißen, wachsartigen Blüten und rosa bis purpurner Nebenkrone; kletternde, dünne Triebe mit verkehrt herzförmigen Blättern, die in letzter Zeit oft als Blattsteckling im Topf zum Muttertag angeboten werden
Standort: helle Plätze, aber keine direkte Sonne bei mindestens 15 °C; gerne auch dauerhaft im beheizten Zimmer
Pflege: nicht zu nass, aber regelmäßig feucht halten; mag häufiges Besprühen; Vermehrung durch Kopf-, Stamm- und Blattstecklinge möglich
Verwendung: als Ampelpflanze oder an entsprechender Stelle im Topf, sodass die Triebe sich hängend oder rankend entwickeln können
Besonderheiten: angebaut in China in Guangdong, wo die Blätter zur Behandlung von Schwellungen verwendet werden

Größe:
40–50 cm
Blütezeit:
Winter – Sommer

Jatropha podagrica ✲

Name: Flaschenpflanze
Familie: Wolfsmilchgewächse (*Euphorbiaceae*)
Herkunft: Mittelamerika (Guatemala bis Panama)
Aussehen: leuchtend orangerote Blütenstände bis 20 cm Länge; flaschenförmig angeschwollener Stamm
Standort: helle Fenster, vor praller Sonne schützen; im Sommer bei entsprechender Schattierung im Freien möglich; im Winter nicht unter 15 °C
Pflege: ganzjährig nur mäßige Wassergaben; ihre Ruhezeiten sind nicht jahreszeitlich gebunden, bei Laubfall das Gießen weitgehend einschränken; Vermehrung durch Samen
Verwendung: mit ihrer bizarren Form ungewöhnliche, aber pflegeleichte Pflanze für das helle Zimmer
Besonderheiten: im Englischen „Purging Nut" genannt
Verwandte: *J. cathartica* (bekannt unter dem Synonym *J. berlandieri* mit runden Knollen und roten Blüten), *J. curcas* (Purgiernuss oder Brechnuss), *J. macrocarpa* (intensiv purpurfarbene Blüten), *J. mcvaughii* (dicke Stämme, behaarte Blätter, Blüten gelblich), *J. multifida* (gefiederte Blätter)

K

Größe:
100–200 cm
Blütezeit:
zeitiges Frühjahr

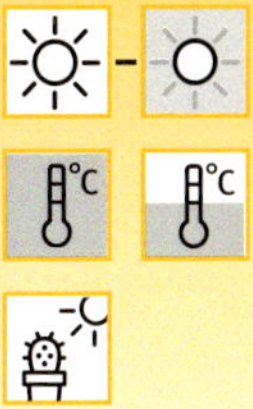

Kalanchoe beharensis ✿

Name: Samtblatt
Familie: Dickblattgewächse (*Crassulaceae*)
Herkunft: Madagaskar, Trockenwälder
Aussehen: blüht rosagrün bis grüngelblich, in achselständigen, vielblütigen Blütenständen, die 40–50 cm hoch sind; kräftiger, aufrechter, wenig sukkulenter Trieb mit großen (bis 40 cm langen und 30 cm breiten) behaarten Blättern
Standort: am hellen bis sonnigen Fenster; warme oder kühle Überwinterung ab 12 °C möglich
Pflege: im Sommer kräftig gießen, im Winter mäßig, der Temperatur entsprechend; Vermehrung durch Stecklinge
Verwendung: dekorative, unempfindliche Zimmerpflanze
Besonderheiten: Die unglaubliche Vitalität zeigt sich daran, dass sogar abgerissene Blattstücke neu austreiben.
Verwandte: *K. blossfeldiana* (scharlachrot), *K. laetivirens* (Goethepflanze, Brutblatt, zahlreiche Brutknospen an den Blatträndern bildend), *K. orgyalis* (feinfilzige Blätter, braune bis silbrige Formen), *K. thyrsifolia* (grau bereifte Blätter mit rotem Rand), *K. tomentosa* (filzige, dicke Blätter)

Größe:
bis 15 cm
Blütezeit:
April – Okt.

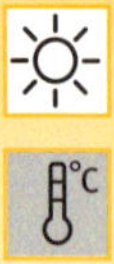

Larryleachia cactiformis

Namen: syn. *Lavrania cactiformis, Trichocaulon cactiforme*
Familie: Seidenpflanzengewächse (*Asclepiadaceae*)
Herkunft: Namibia
Aussehen: bis 1,5 cm große, kompliziert gebaute, weiße bis gelbliche Blüten, purpurrot gestreift oder gefleckt, im Zentrum der Blüte wird die gelbrote Nebenkrone sichtbar mit den Geschlechtsorganen; Spross anfangs kugelig, später zylindrisch, bis 6 cm dick, weißlich grün und oft ungleichmäßig geformt mit unregelmäßig verteilten, flachen Warzen
Standort: sonnig oder halbsonnig und nicht unter 16 °C; stauende Hitze und pralle Sonne vermeiden
Pflege: rein mineralisches und lockeres Substrat mit guter Wasserdurchlässigkeit und hohem Quarzsandanteil verwenden; wässern bei Temperaturen über 20 °C
Verwendung: für den erfahrenen Liebhaber im Gewächshaus oder an der Ost- oder Westfensterbank
Besonderheiten: ein schönes Beispiel für Konvergenz: bildet die gleiche Gestalt wie *Euphorbia obesa* oder *Astrophytum asterias* aus, obwohl keinerlei Verwandtschaft besteht

Größe:
2–3 cm
Blütezeit:
Sept. – Okt.

Lithops lesliei ✲

Namen: Lebender Stein, Hottentottenpopo
Familie: Mittagsblumengewächse (*Aizoaceae*)
Herkunft: Südafrika (Cape Province, Transvaal, Orange Free State) und Südwesten von Botswana
Aussehen: Blüten ca. 3 cm, goldgelb, selten weiß; ein Trieb besteht immer aus zwei dicken, hochsukkulenten, teilweise verwachsenen Blättern; im Frühjahr zieht das alte Blattpaar ein, ein neues Blattpaar (manchmal auch zwei sich verzweigende) nimmt dessen Platz ein; Polster aus bis zu 10 Köpfen
Standort: sonnige Fenster; im Sommer mit Regenschutz auch im Freien; im Winter ab 5 °C bis Zimmertemperatur
Pflege: stark quarzsandhaltige Erde verwenden; Mai bis Oktober alle 1–2 Wochen, November bis Dezember alle 3–4 Wochen wässern; Ruhezeit von Januar bis Ende April bei völliger Trockenheit einhalten; Vermehrung durch Samen
Verwendung: flache Tonschalen am sonnigen Fensterbrett
Besonderheiten: durchscheinende „Fenster“ auf den Blattoberseiten sind durch typisch gemusterte, farbige Einlagen teilweise verdunkelt, sodass der Lichteinfall begrenzt wird

Größe:
bis 6 cm
Blütezeit:
Juli – Aug.

Orostachys spinosus ✿

Familie: Dickblattgewächse (*Crassulaceae*)
Herkunft: Russland (Ostsibirien), Mongolei, Nord- und Nordostchina, Nordkorea
Aussehen: gelbliche Blüten in traubigen, bis 20 cm hohen Blütenständen; walzenförmige Blätter in dichter Rosette; sie verlängern sich im zweiten Jahr, sodass ab Sommer kurze Blätter in der Mitte von einem Kranz längerer Blätter umgeben sind, die in einer feinen, dornartigen Spitze enden
Standort: sonnige bis halbsonnige Plätze im Freien oder bei Topfkultur am Fenster bei viel frischer Luft; im Sommer möglichst im Freien
Pflege: im Freien ist Gießen nur im Regenschatten oder in Kübeln und Gefäßen erforderlich; Vermehrung durch Abnehmen der reichlich sprossenden Kindel
Verwendung: voll winterharte, sehr dekorative Art für das Sukkulentenbeet, den Steingarten und die Trockensteinmauer
Besonderheiten: seltener Vertreter asiatischer Sukkulenten, die durch die strahlig langen Außenblätter wie eine Sonne aussehen; erinnert an *Sempervivum* (→ Seite 225)

Größe:
5–20 cm
Blütezeit:
März – April

Pachyphytum oviferum ✿

Familie: Dickblattgewächse (*Crassulaceae*)
Herkunft: Mexiko (San Luis Potosí); an Felsklippen in 1200 m Höhe
Aussehen: Blüten cremefarben-rosarot an bis zu 10 cm hohen Blütenständen, hängend, wachsartig, bereift; sehr dicke, verkehrt eiförmige, bereifte, bläulich graue Blätter bilden dicht gedrängt Rosetten mit bis zu 10 cm Durchmesser, die an der Spitze von bis zu 20 cm langen, hängenden Trieben wachsen
Standort: sonnige bis halbsonnige Fenster; im Sommer gerne im Freien; im Winter verträgt sie ohne weiteres 5 °C, kann aber auch bei Zimmertemperatur überwintert werden
Pflege: wöchentliche Wassergaben; bei kühler Überwinterung alle 4 Wochen wenig wässern; Vermehrung durch Blattstecklinge, die vorsichtig abgedreht werden, sowie Samen
Verwendung: eine der attraktivsten *Pachyphytum*-Arten
Besonderheiten: diese Art kommt in der Natur nur noch an einem bekannten, schwer erreichbaren Fundort vor
Verwandte: etwas schlankere, sukkulente, bläuliche Blätter haben die pflegeleichten Arten *P. compactum* und *P. hookeri*

Größe:
100–150 cm
Blütezeit:
Frühjahr – Spätsommer

Pachypodium cactipes ✿

Familie: Hundsgiftgewächse (*Apocynaceae*)
Herkunft: Madagaskar (östl. Fort Dauphin, Tôlañaro)
Aussehen: leuchtend gelbe Blüten zu 2–12, endständig an bis zu 60 cm langem Blütenstiel; dicker, flaschenförmiger Stamm, an der Basis stark verzweigt; Blätter in Rosetten an den Triebspitzen; an der Blattbasis bis 1,6 cm lange Dornen
Standort: sonnige bis halbsonnige Fenster; im Sommer vor Regen geschützt auch im Freien; nicht unter 12–15 °C
Pflege: durchlässige, sehr gute Blumenerde verwenden und stauende Nässe unbedingt vermeiden; regelmäßig gießen, im Winter etwas sparsamer; Vermehrung durch Samen
Verwendung: exotisch faszinierende, dankbare, reich und lange blühende Zimmerpflanze
Besonderheiten: obwohl in Habitus und Pflege unterschiedlich, wird diese Art heute botanisch zu *P. rosulatum* gestellt
Verwandte: *P. rosulatum* fa. *bicolor* mit gelber Blüte und weißer Mitte; *P. rosulatum* var. *eburneum* und *P. rosulatum* var. *inopinatum* mit elfenbeinfarbenen Blüten; die kleinwüchsige *P. rosulatum* var. *gracilius* mit gelben Blüten

Größe:
200 cm
Blütezeit:
Sommer

Pachypodium lamerei ✿

Name: Madagaskarpalme
Familie: Hundsgiftgewächse (*Apocynaceae*)
Herkunft: Madagaskar, Trockengebiete
Aussehen: Blüten weiß, duftend, 6–11 cm groß, an verzweigten, bis 70 cm langen Blütenständen; aber erst ältere Pflanzen ab 120–200 cm Wuchshöhe blühen endständig, Verzweigung setzt daher nach jeder Blüte ein; in der Natur mit baumartigem Wuchs (bis 6 m hoch) und verzweigter Krone; sukkulent verdickte, bedornte Stämme mit palmenartigem Blattschopf
Standort: sehr helle bis sonnige Fenster; ganzjährig warm halten und keinesfalls unter 15 °C
Pflege: gute Blumenerde oder Kakteenerde verwenden; regelmäßig gießen – im Sommer mehr, im Winter weniger, Staunässe vermeiden; Vermehrung durch Samen
Verwendung: dankbare Zimmerpflanze für warme Räume
Verwandte: *P. brevicaule* (schwieriger in Kultur, Form einer Knolle, gelbe Blüten bereits in jungen Jahren), *P. densiflorum* (reichblütig, gelb, ab 15–25 cm Wuchshöhe), *P. geayi* (rötliche Blätter und sehr robust)

Größe:
100 cm
Blütezeit:
Spätsommer – Herbst

Pachypodium saundersii ✲

Name: *P. lealii* ssp. *saundersii*
Familie: Hundsgiftgewächse (*Apocynaceae*)
Herkunft: Südzimbabwe, Südafrika
Aussehen: weiße Blüten in Büscheln an den Triebspitzen, bereits nach 4–5 Jahren; flaschenförmiger Stamm, später fast kugelig, bis 30 cm Durchmesser; mit 2–4 cm langen Dornen; sich am Caudex verzweigend mit schlankeren Trieben, die zur Spitze hin mehr beblättert sind
Standort: sonnige oder halbsonnige Fenster; ganzjährig bei mindestens 12–15 °C, jedoch tolerant gegen kurzzeitig kühlere Temperaturen; im Sommer geschützt im Freien möglich
Pflege: regelmäßige Wassergaben, nur kurzzeitig austrocknen lassen; Hauptwachstumszeit ist Sommer, im Winter seltener und wenig gießen; mehr oder weniger deutliche Winterruhe mit Laubfall; Vermehrung durch Samen
Verwendung: robuste und attraktive Zimmerpflanze
Verwandte: Arten, die ebenfalls im Süden Afrikas beheimatet sind: *P. bispinosum* und *P. succulentum* mit dickem, niedrigem Caudex sowie *P. namaquanum* mit hohem Stamm

Größe:
bis 100 cm
Blütezeit:
März – April

P

Pachypodium windsorii

Namen: Windsor-Dickfuß, heute *P. baronii* var. *windsorii*
Familie: Hundsgiftgewächse (*Apocynaceae*)
Herkunft: Nord-Madagaskar (Windsor-Castle)
Aussehen: endständige, auffallend rote Blüten mit hellem, engem Schlund; nach dem Blühen verzweigt sich das flaschenförmige Stämmchen und bildet eine locker verzweigte Krone; der Spross trägt unterseits behaarte, ledrig grüne Blätter an den Triebspitzen; an der Basis der Blattstiele finden sich jeweils zwei Nebenblattdornen
Standort: sonnig bis halbsonnig; ganzjährig warm bei mindestens 15 °C, am besten bei Zimmertemperatur
Pflege: auch wenn die Blätter abgeworfen werden, gleichmäßig feucht halten; Vermehrung durch Samen
Verwendung: eine anspruchsvolle und außerordentlich attraktive Zimmerpflanze; auch für den warmen Wintergarten
Besonderheiten: eine typische Caudex-Pflanze mit dickem Fuß; daher auch der Name dieser Gattung: Dickfußgewächse
Verwandte: *P. baronii* (schlanker und höher) hat als einzige *Pachypodium*-Art ebenfalls rote Blüten

Größe:
bis 15 cm
Blütezeit:
Sommer – Herbst

Pleiospilos nelii

Name: Lebender Granit
Familie: Mittagsblumengewächse (*Aizoaceae*)
Herkunft: Südafrika (Northern Cape, südöstliche Karoo)
Aussehen: Blüten gelborange mit weißer Mitte, sehr groß, bis zu 7 cm im Durchmesser; die Pflanze besteht in der Regel aus zwei hochsukkulenten Blattpaaren, wachsen zwei neue, ziehen die beiden älteren ein; mit der Zeit Gruppen bildend
Standort: am sonnigen Fenster; im Freien nur mit Regenschutz; auch im Winter bei Zimmertemperatur halten
Pflege: wächst im Winter, deshalb auch dann mäßig gießen; im Sommer weniger wässern; Vermehrung durch Samen
Verwendung: faszinierende Geschöpfe für die Fensterbank
Besonderheiten: Diese an sich pflegeleichten Pflanzen werden häufig von Spinnmilben befallen, daher ist regelmäßige Befallskontrolle wichtig.
Verwandte: von *P. nelii* gibt es eine attraktive rote Sorte: 'Royal Flush'; *P. bolusii* (gekielte Blätter, gelbe Blüte), *P. compactus* (kleinere Blätter, gelbe Blüte, verschiedene Varietäten), *P. simulans* (blüht gelb bis orange)

Größe:
200 cm
Blütezeit:
Frühling – Herbst

P

Plumeria rubra ✿

Namen: Frangipani, Tempel- oder Pagodenbaum
Familie: Hundsgiftgewächse (*Apocynaceae*)
Herkunft: Tropisches Amerika (Mexiko, Karibik, nördliches Südamerika bis Brasilien)
Aussehen: Blüten weiß über gelb und orange bis rot oder rosa, süß duftend und endständig; der Spross verzweigt sich nach der Blüte; laubabwerfende Büsche bis kleine Bäume mit leicht verdicktem, sukkulentem, glattem Stamm; große, gestielte, ledrige Blätter, oberseits glänzend
Standort: sonnige bis halbsonnige Fenster; mindestens 18 °C
Pflege: Kultur in guter Blumenerde, mit Kakteenerde gemischt; unbedingt mehrmonatige, trockene Winterruhe einhalten, damit Blüten induziert werden; in dieser Zeit wird das Laub abgeworfen; kräftige Düngergaben von März bis September; Vermehrung über Samen und Stecklinge im Frühjahr, braucht zum Bewurzeln 22–24 °C Bodentemperatur
Verwendung: Kübelpflanze für größere sonnige Wohnräume, warme Wintergärten oder Gewächshaus; im Sommer auch ohne weiteres im Garten, auf Terrasse oder Balkon

Größe:
5–50 cm
Blütezeit:
Mai – Juli

Rhodiola rosea

Namen: Rosenwurz, syn. *Sedum roseum*
Familie: Dickblattgewächse (*Crassulaceae*)
Herkunft: Europa, Russland, Mongolei, Nordchina, Korea, Japan, Sachalin, Kurilen, Nordamerika und Grönland
Aussehen: Blüten in dichter halbkugeliger Trugdolde, zweihäusig (monosexuell), gelblich bis rötlich grün, sehr variabel; beblätterte Sprosse ziehen im Winter ein, Rhizom überdauert
Standort: sonnige und absonnige Plätze im Steingarten
Pflege: nicht zu trocken halten; Vermehrung durch Samen
Verwendung: eine hübsche Ergänzung für Alpinum, Steingarten, Trockensteinmauer
Besonderheiten: Die Wurzeln werden geerntet und getrocknet, der Tee ist heilend und kräftigend. Die hervorragende Wirkung der Rosenwurz wird mit Ginseng verglichen. Es kräftigt und stärkt das allgemeine Wohlbefinden ebenso wie es beruhigend wirkt. Es wirkt antidepressiv, schmerzlindernd, tumorvorbeugend, verbessert die Hirnleistung, normalisiert den Herzschlag und vieles mehr. Im Handel sind Wurzelpräparate in Pulverform und Kapseln.

Größe:
bis 30 cm
Blütezeit:
Sommer – Winter

S

Sceletium tortuosum

Namen: Kanna, Canna, *Mesembryanthemum tortuosum*
Familie: Mittagsblumengewächse (*Aizoaceae*)
Herkunft: Südafrika
Aussehen: Blüten 2–4 cm mit vielen, sehr schlanken Blütenblättern, weiß bis hellgelb oder hellrosa; die verzweigten, schlanken Triebe sind dicht besetzt mit papillösen, sattgrünen, sukkulenten Blättern; die Wurzel ist wenig verdickt
Standort: sonnige oder halbsonnige Fenster; kühle Überwinterung ab 8 °C möglich, aber auch warm bis 18 °C
Pflege: mäßige Wassergaben alle 1–2 Wochen, im Winter seltener; Vermehrung durch Samen und Stecklinge
Verwendung: eine ethnobotanisch interessante und hübsche sukkulente Pflanze für die Pflege am Fensterbrett
Besonderheiten: in Südafrika verwendet man die fermentierten Blüten gegen Zahnschmerz, der Saft wird gegen Koliken eingesetzt; die Buschleute und Hottentotten nutzen bei Ritualen, Zeremonien und Heiltänzen die psychoaktive Wirkung; das fermentierte, getrocknete und pulverisierte Kraut ist als Kougoed (Antidepressivum) bekannt

Größe: *bis 120 cm, hängende Triebe*
Blütezeit: *Juni – Juli*

Sedum morganianum ✿

Familie: Dickblattgewächse (*Crassulaceae*)
Herkunft: Mexiko, Veracruz
Aussehen: Blüten am Sprossende rosa bis rotpurpurn; die würstchenförmigen, bläulich graugrünen Blätter sitzen dicht gedrängt in 5 deutlichen Spiralen am hängenden Spross und fallen bei Berührung leicht ab, was ihre natürliche Verbreitung garantiert
Standort: sonnige und halbsonnige Fenster; im Sommer auch im Freien möglich; im Winter Ruhezeit bei Temperaturen zwischen 5 und 15 °C einhalten
Pflege: mäßige wöchentliche Wassergaben von Frühjahr bis Herbst, im Winter stark reduzieren; Vermehrung ist sehr leicht über Trieb- und Blattstecklinge möglich
Verwendung: In attraktiven Hängetöpfen wirkt diese pflegeleichte Art mit ihren bläulichen Trieben belebend im Fenster.
Besonderheiten: Im englischen Sprachraum wird diese Art auch „Eselsschwanz“ genannt.
Verwandte: Mit über 500 fast ausschließlich sukkulenten Arten ist *Sedum* die größte Gattung der Dickblattgewächse.

S

Größe: *bis 2 cm*
Blütezeit: *Sommer*

Sempervivum arachnoideum ✿

Name: Spinnweb-Hauswurz
Familie: Dickblattgewächse (*Crassulaceae*)
Herkunft: Europäische Gebirge (Alpen, Apennin, Pyrenäen, Cordillera Cantábrica, Korsika)
Aussehen: 8 cm hoher Blütenstiel mit 1–1,5 cm großen, rosaroten Blüten; grüne bis rötliche Blätter sind einwärts gebogen, elliptisch bis verkehrt lanzettlich, 8 mm lang und 4 mm breit. Diese Art hat als einzige unterschiedlich stark ausgeprägte „Spinnweb"-Haare von Blattspitze zu Blattspitze.
Standort: möglichst vollsonnig; gewöhnlich kalkfliehend
Pflege: gut durchlässiges Substrat verwenden
Verwendung: im Steingarten, auf der Trockensteinmauer sowie im frostfesten Kübel als Unterpflanzung zu Kakteen
Besonderheiten: Als Heilmittel findet sie Anwendung bei Warzen, Hühneraugen, Quetschungen oder Verbrennungen, juckender oder brennender Haut. Zusammen mit *S. tectorum*, der Dach-Hauswurz, im Altertum als Zauberpflanze auf Dächer gepflanzt, um vor Blitzschlag zu schützen.
Verwandte: über 3000 Kultivare in einer enormen Vielfalt

Größe:
bis 80 cm
Blütezeit:
Sommer – Frühherbst

Senecio crassissimus ✿

Familie: Korbblütengewächse (*Asteraceae*)
Herkunft: Madagaskar
Aussehen: gelbe Blüten an langen Blütenständen, erscheinen in Kultur selten; die grünen Sprosse und Blätter sind blauviolett überlaufen; ein merkwürdiges Aussehen verleihen die senkrecht gestellten Blätter mit violettem Stiel und Blattrand, gleichzeitig markantestes Erkennungsmerkmal für diese Art
Standort: sonnige bis halbsonnige Fenster; im Winter warm oder kühl ab 5 °C möglich; im Sommer auch gern im Freien
Pflege: pflegeleicht und robust; alle 1–2 Wochen wässern, bei kühler Winterruhe an warmen Tagen nur alle 4–6 Wochen; starke Verzweigung kann durch mehrmaliges Stutzen erreicht werden; Vermehrung durch Kopf- und Stammstecklinge
Verwendung: die auffällige Erscheinung ist eine Bereicherung für jedes Fensterbrett ist; größere Exemplare auch im Wintergarten
Verwandte: *S. kleinia* (syn. *Kleinia neriifolia*) mit bläulich grauem Stamm und schmalen Blättern, wächst im Winter, Sommerruhe mit Laubfall; *S. medley-woodii* (gelbe Blüten)

Größe:
20 cm
Blütezeit:
Spätsommer – Herbst

Senecio haworthii ✿

Familie: Korbblütengewächse (*Asteraceae*)
Herkunft: Südafrika (Kleines Namaqualand)
Aussehen: typische Korbblüten in Gelb, erscheinen selten, da blühfaul; aufrechte Sprosse mit länglichen sukkulenten Blättern; von dichtem weißem Wollfilz umhüllt; verzweigen sich und bilden kleine kompakte Büsche
Standort: am hellen Fenster; warme oder kühle Überwinterung möglich, aber nicht unter 12 °C
Pflege: ganzjährig mäßig wässern; bleibt bei kühlem Winterstandort schön kompakt; Vermehrung durch Stecklinge
Verwendung: Die weißeste und begehrteste *Senecio* schafft einen Farbkontrast am Fensterbrett oder im Wintergarten
Besonderheiten: Die weiß-filzige Behaarung reflektiert das Sonnenlicht und strahlt so richtig hervor.
Verwandte: *S. articulatus* (Blüten elfenbeinfarben), *S. herreanus* (Gebetskettenkaktus), *S. kleinia* (syn. *Kleinia neriifolia*, → links), *S. scaposus*, *S. sempervivus* (leuchtend rote oder rosaviolette Blüten), *S. stapeliiformis* (Stammsukkulente mit dunklen Streifen und pfeilförmigen Markierungen)

Größe:
15–20 cm
Blütezeit:
Sommer – Herbst

Stapelia gettliffei ✿

Name: Aasblume
Familie: Seidenpflanzengewächse (*Asclepiadaceae*)
Herkunft: Südafrika, Mosambik, Zimbabwe
Aussehen: Blüten in der Regel einzeln, 9–12 cm im Durchmesser, Zipfel purpurn, mit rötlichen Flaumhaaren; Polster bildende Triebe von 1,2–1,5 cm Durchmesser, sprossend
Standort: in den Sommermonaten vor praller Sonne schützen; im Winter sind 15–18 °C optimal
Pflege: stark mineralische Erde verwenden; von Frühjahr bis Herbst mäßig wässern, im Winter nicht; Vermehrung durch Samen, Teilung oder Kopfstecklinge
Verwendung: eine leicht zu kultivierende Aasblume mit hochinteressanten Blüten für Fensterbrett und Wintergarten
Besonderheiten: Der Geruch der Blüten ähnelt dem von Aas, um in der Natur die Bestäuber (Fliegen) anzulocken.
Verwandte: S. *gigantea* (große gelbe Blüten mit purpurnen Querbändern), *S. kwebensis* (sehr hübsch mit gelben bis schwarzbraunen Blüten), *S. variegata* (heute *Orbea variegata;* gelbe, rotbraun gepunktete Blüten)

Größe:
bis 30 cm
Blütezeit:
Sommer

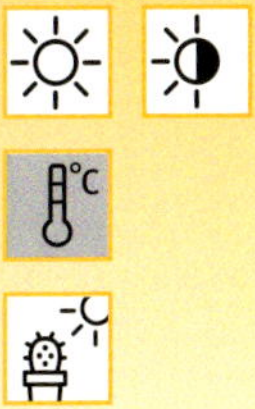

Stapelia grandiflora

Name: Aasblume
Familie: Seidenpflanzengewächse (*Asclepiadaceae*)
Herkunft: Südafrika (Northern Cape, Western Cape, Eastern Cape und Free State)
Aussehen: Blüte bis 20 cm groß, flach, bräunlich purpurn, oft mit hellen Querrunzeln und hellen Haaren, besonders am Rand; Triebe vierkantig, grün, 2–3 cm dick, verzweigen sich an der Basis und bilden Gruppen
Standort: sonnige oder halbsonnige Fenster; nicht unter 15 °C
Pflege: rein mineralische, gut durchlässige Erde verwenden; bei Temperaturen deutlich über 20 °C kann alle 1–2 Wochen kräftig gewässert werden; im Winter Trockenruhe einhalten; Vermehrung durch Stecklinge und Samen
Verwendung: am sonnigen Fensterbrett, während der erstaunlichen Blüte am besten auf der Terrasse
Besonderheiten: Aus Mangel an anderen Bestäubern werden Fliegen angelockt. Dazu imitieren die Blüten die Farbe von verwesendem Fleisch und riechen auch so, was allen Stapelien den Namen Aasblumen eingebracht hat.

Größe:
bis 100 cm
Blütezeit:
Sommer

Yucca angustissima

Name: Palmlilie
Familie: Agavengewächse (*Agavaceae*)
Herkunft: Nordamerika (südwestliches Utah, Nord- und Zentralarizona, Westen New Mexicos), Wüstenebenen oder Hochebenen (Mesas)
Aussehen: aufrechter Blütenstand mit glockenförmigen, hängenden, cremeweißen oder grünlich weißen, oft zart pink- bis purpurfarben überhauchten Einzelblüten; nicht alle Exemplare bilden einen Stamm (wenn ja, dann maximal 1 m hoch); schmale gelbliche bis blaugrüne Blätter mit wenigen feinen, leicht gewundenen Fasern am Rand
Standort: im Freien an regengeschütztem Ort, Staunässe vermeiden; unbeheizter Wintergarten oder Gewächshaus
Pflege: in der Wachstumszeit (April bis Oktober) auf genügend Feuchtigkeit achten; Düngung von April bis Juli; Vermehrung durch Samen
Verwendung: exotische Terrassenpflanzung auch in großen, frostfesten Kübeln, im Steingarten oder im unbeheizten Wintergarten oder Gewächshaus

Größe:
500–1 200 cm
Blütezeit:
Sommer

Y

Yucca brevifolia

Name: Yoshua Tree
Familie: Agavengewächse (*Agavaceae*)
Herkunft: südwestliches Nordamerika, Mojave-Wüste
Aussehen: aufrechte Blütenstände, bestehend aus großen, grünlich weißen Einzelblüten; bildet Stämme, die sich wenig und unregelmäßig verzweigen; an den Triebspitzen starre, schmale, bis 35 cm lange, grüne Blätter, deren Spitze in einen steifen Dorn ausläuft
Standort: sonnige Fenster oder Bereiche im Freien; im Winter nicht über 5 °C
Pflege: regelmäßig sparsam wässern, auf sehr guten Wasserabzug achten; Vermehrung durch Samen
Verwendung: der Yoshua Tree ist frosthart, jedoch nur in sehr milden Gegenden – geschützt vor Regen und extrem kalten Temperaturen – im Freien zu halten; besser im kalten Wintergarten oder Gewächshaus
Verwandte: *Y. glauca* ist an geschütztem Standort winterhart; *Y. rostrata*, eine häufig kultivierte, stammbildende Yucca, mit größerem, bläulich grünem Blattschopf

Mit Kakteen gestalten

Die vielfältigen, oft auffälligen oder bizarren Wuchsformen von Kakteen und Sukkulenten können Sie in vielerlei Gestaltungsideen in Szene setzen. Und das nicht nur in Wohnung oder Wintergarten, sondern auch im Freien.

Bestechende Gestaltungsideen

Mit Sukkulenten können Sie mühelos den einmaligen Charakter der Wüste imitieren und eine klare, puristische Stimmung schaffen. Dabei schaffen Farben Stimmung, Form gibt Struktur.

Farben und Formen kombinieren

Kakteen und Sukkulenten zeichnen sich in erster Linie durch klare Formen aus, deren ästhetische Symmetrie spiralig gestellter Rippen oder parallel verlaufender Dornenpolster ihren ganz besonderen Reiz ausmacht.

➤ Sehr gut lassen sich einzelne Pflanzen (**Solitäre**) wie Skulpturen einsetzen. Wenn Sie mehrere Pflanzen verwenden, ist es wichtig, **Gruppen** zu bilden:

➤ **Harmonisch**, ohne zu langweilen, wirkt ein Arrangement aus einer oder mehreren Hauptgruppen mit je ein bis vier Nebengruppen.

➤ **Spannung** erzielen Sie durch Gruppieren verschiedener Formen. Ein schlängelnder Kaktus durchbricht z. B. die betonte Horizontale bei kugeligen Pflanzen.

➤ Die **Zwischenräume** können Sie frei lassen – wie in der Wüste – oder bei großflächigen Pflanzungen mit Sand, Steinen, Wurzeln, skurrilen Holzstücken oder Reben dekorieren.

Die Welt der Sukkulenten kennt wenige, dafür sehr kräftige, oftmals dominierende Farben. Oft zeigen die Sprosse selbst schon klare Farben, von bläulich über rötlich bis zu gelblich grün.

➤ Ein Hingucker sind **farbige Dornen**, die z. B. Kakteen wie den Schwiegermutterstuhl gelb leuchten lassen.

➤ Besonders wertvoll wirkt die graue **Bereifung** von *Pilosocereus* oder *Copiapoa.*

➤ Was Kakteen & Co. besonders interessant macht, sind **Haare**, meist in Weiß, aber auch braun bis fast rot.

➤ Ein Feuerwerk an Farbigkeit entsteht natürlich durch

In schlichter Terrakotta-Keramik kommen Kakteen und Co. gut zur Wirkung.

EXTRATIPP

Aussaat: Daran haben nicht nur Kinder Freude
An jedem Fensterbrett – ohne pralle Sonne – lässt sich eine kleine Kakteen-Kinder-Gärtnerei unterbringen, die auch Erwachsenen Spaß macht. Oft „schlüpft“ erst nur ein kleines, manchmal rosa oder gelbes kleines Körperchen, der verdickte Wurzelhals. Die Keimblättchen sind nur winzige Höckerchen. Nach ein paar Wochen entwickelt sich bei Kakteen ein Körper, der durch seine feine Bedornung schon wehrhaft wirkt!

die Blüten. Oft nur für wenige Stunden oder Tage stehen sie nicht selten durch üppige Form und Größe im Kontrast zur strengen Form des Pflanzenkörpers. Kleine Kugeln können dabei 10-mal so große Blüten in leuchtendem Gelb oder Rot hervorbringen. Nur Blautöne sind bei Sukkulenten unbekannt.

Wegen der kurzen Blütezeit steht bei der Gestaltung nicht die Blüte im Vordergrund, sondern vielmehr Dornen und Pflanzenkörper, bei Blattsukkulenten natürlich auch die Blätter.

➤ Die Farbe der Dornen oder Sprosse können Sie z. B. durch eine Schicht farbigen Sand oder leuchtende Accessoires unterstreichen.

1 Form in Form.

2 Übertöpfe mit Pfiff.

3 Die dezente Keramik trägt die klaren Formen der Pflanzen.

4 Ton in Ton.

5 Originell mit Körben.

➤ Und nicht zuletzt schaffen farbige Pflanzgefäße kräftige Akzente im Wohnbereich. Dabei bleibt es Ihnen überlassen, ob Sie lieber viel Kontrast schaffen oder Ton in Ton dekorieren möchten.

Mit Gefäßen dekorieren

Es gibt eine riesige Auswahl an Gefäßen aller Stilrichtungen. Die Ausstattung ist unterschiedlich, doch auf eines sollten Sie grundsätzlich achten: auf guten Wasserabzug. Bei Gefäßen ohne Wasserabzug können Sie nämlich nur schwer erkennen, ob Sie zu viel gegossen haben. Kakteen und andere Sukkulenten sind zwar robust, aber auf stehendes Wasser im Wurzelbereich reagieren sie sehr empfindlich (→ Seite 14).

➤ Besonders schön sind **Keramikgefäße**. Mit kräftigen Glasur-Farben setzen Sie Akzente. Auch die Pflanzen dürfen dann Farbe bekennen. Mit einem farblich korrespondierenden Gefäß können Sie beispielsweise die Wirkung eines roten Dornansatzes oder einer blauen *Cereus*-Epidermis verstärken.

➤ **Weiße, schwarze** oder **graue** Gefäße bleiben in ihrer Wirkung dezent im Hintergrund und lassen so die Farben der Pflanzen und der Accessoires gut zur Geltung kommen.

➤ Ein besonders feines Material für Gefäße ist **Edelstahl**, der jede Pflanzung enorm aufwertet. Seine kühle, edle Ausstrahlung begeistert nicht nur Kakteenfreunde.

➤ Sehr beliebt sind auch Gefäße in **Terrakotta**. Sie wirken natürlich und verstärken durch ihre Oberflächenstruktur und die Farbe den Wüstencharakter der Pflanzen.

EXTRATIPP

Gefäße und Wasser
Achten Sie darauf, im Wohnraum einen wasserundurchlässigen Untersetzer zu verwenden – ebenso wie Sie Gefäße ohne Loch mit einem dichten, wasserundurchlässigen Einsatz versehen sollten. Denn Gießwasser kann die Wandung durchdringen und die Stellfläche als Schwitzwasser schädigen. Zusätzlich können Sie Filz oder Kork ankleben oder Holzklötzchen unterlegen.

Indoor oder Outdoor?

Es gibt kaum einen Bereich, in dem Sie sie nicht verwenden können: Sukkulenten können je nach Herkunft bei uns Wüstenflair in Wohnräumen und Wintergärten, auf Terrassen oder auch dauerhaft im Garten schaffen. Durch den verhältnismäßig langsamen Wuchs sind nur selten größere pflegerische Eingriffe nötig. Ihre Anspruchslosigkeit macht Kaktus & Co. geeignet nicht nur für Wohnräume – auch in Büroräumen und besonders in Eingangsbereichen, Treppenhäusern usw. lassen sich damit Akzente setzen. Solange ihnen genügend Licht zur Verfügung steht, sind sie tolerant gegenüber Zugluft und Temperaturunterschieden.

Für viele Arten ist der Garten als Sommerfrische geeignet.

So bringt man auch am kleinsten Fenster eine Kakteensammlung unter.

Ideen für die Wohnung

➤ Jedes **Fensterbrett** bietet Möglichkeiten, einzelne Pflanzen oder eine ganze Sammlung von kleinwüchsigen Exemplaren (z. B. Lebende Steine, Zwergkakteen) unterzubringen.

➤ Mit kleinen Regalen oder Setzkästen-Einlagen können Sie „hochstapeln".

➤ Sehr schön wirken kleine Landschaften (**Indoor-Landscaping**) in schmalen Terrakotta-Gefäßen. Dabei bekommen Sie Abwechslung und Spannung in die Gestaltung, wenn Sie Kugelformen durch Säulen (*Espostoa, Euphorbia tirucalli*) oder Rosetten (*Agave, Echeveria*) auflockern.

➤ Im oder am Fenster machen **Ampeln** (Hängetöpfe) etwas her. Viele Sukkulenten wachsen ursprünglich in Astgabeln (z. B. *Rhipsalis*) oder von Felshängen herab. Sie eignen sich hervorragend, um auch mit relativ kleinen Pflanzen eine füllige Wirkung zu erzielen, z. B. wie beim Schlangenkaktus (*Disocactus flagelliformis*) mit seiner violettroten Blüte.

➤ **Fensterfronten** bieten die Möglichkeit, auch in größeren Trögen und Töpfen zu pflanzen. Grundsätzlich gilt dabei die Regel: mit Sukkulenten und Kakteen nicht weiter als einen Meter vom Fenster weg. Sonst lässt nicht nur die Wirkung der Pflanzen nach, auch die Lichtausbeute wird so gering, dass die Pflanzen früher oder später eingehen.

➤ Innenbereiche ohne direktes Licht sind zu lichtschwach für Sukkulenten. Mit einem Pflanzenlicht beheben Sie diesen Mangel – und heben die Wirkung der Pflanzen durch das intensive Anstrahlen hervor.

Wintergärten mal anders

Ideale Lichtverhältnisse herrschen im Wintergarten vor. Schattierungen müssen

Sie jedoch berücksichtigen, da sie das verfügbare Licht einschränken.

➤ Mit Einzelgefäßen können Sie Pflanzenlandschaften gestalten, ohne sich festzulegen – vorausgesetzt, Sie stellen die Töpfe auf rollbare Untersetzer oder verwenden Gefäße, die bereits mit Rollen ausgestattet sind.

➤ Große Sukkulenten (z. B. Kandelabereuphorbien, *Euphorbia ingens*, oder Säulenkakteen wie *Pachycereus pringlei*) haben eine Einzelstellung verdient. Ihre skulpturartige Wirkung muss so nicht mit anderen Pflanzen konkurrieren.

➤ Aber auch ein Sukkulentendickicht kann schöne Schwerpunkte setzen oder einen Hintergrund schaffen. Allerdings wirkt ein solcher so genannter Tuff nur dann gut, wenn jeweils nur eine Art dafür verwendet wird. So eignet sich z. B. die grüne Bleistiftwolfsmilch (*Euphorbia tirucallii*) hervorragend für eine dichte Bepflanzung: Es entsteht ein dichter grüner Busch, an dem sich das Auge sattsehen kann.
Auch andere säulenförmige Arten entwickeln, zu mehreren gepflanzt, einen wuchtigeren Charakter und sind mehr als nur Ersatz für ganz große – und etwas kostspieligere – Solitärs. Organisch wirken solche Tuffs, wenn Sie mehrere Exemplare unterschiedlicher Größe zusammenstellen.

➤ Interessant und spannend wirken kugelige und säulenförmige Sukkulenten, wenn sie mit Agaven und Yucca kombiniert werden. So kommt zum Wüstencharakter die Oasenstimmung hinzu.

➤ Wenn Sie das Glück haben, im Wintergarten ein Pflanzbeet gestalten zu kön-

Große Terrakotta schaffen Mittelmeerstimmung im Wohnraum.

Die langen „Gebetsketten" setzen Kontraste zu den Rosetten.

nen, sollten Sie ähnlich wie bei der Bepflanzung von Gefäßen darauf achten, Gruppen zusammenzufassen, Schwerpunkte zu setzen und zwischen den Gruppen Platz zu lassen.

➤ Verstärkend wirken Steine, Lava und Sand – Materialien, mit denen Sie die nackte Erdoberfläche bedecken und Struktur schaffen können.

➤ Niedrige Gewächse wie der attraktive Schwiegermutterstuhl (*Echinocactus grusonii*) wirken möglicherweise verloren, wenn sie irgendwo in einer Ecke am Boden stehen. Sie können einen erhöhten Platz vertragen, um richtig zur Geltung zu kommen. Ein Tisch, ein umgekehrter ausgedienter Übertopf oder hohe Keramik sind dafür geeignet.

➤ Bei der Pflanzenwahl sollten Sie unbedingt darauf achten, ob der Wintergarten im Winter kühler gehalten oder, als Wohnzimmer genutzt, auf Zimmertemperatur aufgeheizt wird. Die Tabellen (→ Seite 244) zeigen Ihnen auf einen Blick, welche Arten für welche Temperaturen geeignet sind.

Wüstenflair im Garten

Auf Terrasse, Balkon oder im Garten gibt es oft trockenere Bereiche wie unter Dachüberständen, südexponierte Beete, Steingärten, Trockensteinmauern usw., die Sie ohne große Mühe für Sukkulenten herrichten können. Hier kommen die Wasserspeicherkünstler viel besser zurecht als ihre staudigen oder einjährigen Gartenkollegen, und dazu brauchen sie wesentlich weniger Pflege. Achten Sie dabei aber unbedingt auf eine gute Dränage, dann sind sogar feuchtere Gartenbereiche geeignet.

Diese Schale mit Sukkulenten können Sie im Winter draußen lassen.

➤ Beim Gestalten beginnen Sie am besten mit den Arten, die am höchsten werden: die Cylindropuntien (insbesondere *Cylindropuntia imbricata*) mit ihren schlanken, zylindrischen, sich verzweigenden Sprossen. Alle *Opuntia*-Arten mit scheibenförmigen Sprossgliedern wachsen buschig. Sie alle sollten im Abstand von mindestens 30–40 cm gepflanzt werden.

➤ Kugelkakteen wie *Echinocereus* und *Escobaria* wachsen langsam und bleiben relativ klein, ein Mindestabstand von 20 cm reicht für sie aus.

➤ Als Unterpflanzung eignen sich *Delosperma, Orostachys, Sedum* und *Sempervivum*, sie bleiben ebenso wie *Opuntia fragilis* und deren Formen und Sorten niedrig und breiten sich in der Fläche aus. So bilden sie einen interessanten Kontrast in Farbe und Form. Da sie aber einen großen Ausbreitungsdrang haben, vermeiden Sie am besten die unmittelbare Nähe zu langsam wachsenden Pflanzen und klein bleibenden Arten.

➤ Eine sehr interessante Bereicherung sind Yuccas mit ihren schlanken, langen Blättern. Einige Arten bilden

Mit Kiesflächen schaffen Sie Wüstenflair im Sukkulenten-Garten.

kurze Stämme. Damit sie ausreichend zur Wirkung kommen, sollte ein Abstand von wenigstens 40–50 cm zur nächsten größeren Pflanze eingehalten werden.
➤ *Maihuenia*, eine ungewöhnliche Kakteengattung, bildet mit ihren kleinen Stämmchen flache Polster mit kleinen grünen Blättchen. Einige wenige Agavenarten sind ebenfalls winterhart und ein attraktiver Kontrast, sollten aber nur an geschützten Orten gepflanzt und im Winter mit einem Regenschutz versehen werden.

EXTRATIPP

Welche Standorte für winterharte Pflanzen?
Sie brauchen in jedem Fall einen vollsonnigen, möglichst windgeschützten Standort ohne Staunässe im Untergrund. Hauswände und größere Steine, die die Sonnenwärme absorbieren, wirken sich positiv auf das Mikroklima aus. Neben Trockensteinmauern und Steingärten sind nach Süden geneigte Beete ideal; ebenso der Regenschatten unter einem Dachvorsprung und Ihr Wintergarten, wenn Sie ihn nicht beheizen. Achten Sie bei den Gefäßen auf frostfestes Material.

GANZJÄHRIG BEI ZIMMERTEMPERATUR

KAKTEEN

Arrojadoa dinae 31
Astrophytum asterias 'Super Kabuto' 33
Coleocephalocereus goebelianus 43
Discocactus zehntneri 49
Disocactus aurantiacus 50
Disocactus flagelliformis 51
Disophyllum-Hybriden 52
Epiphyllum-Hybriden 75
Espostoopsis dybowskii 87
Frailea angelesiae 89
Gymnocalycium 'Red Cap' 93
Hatiora salicornioides 96
Lepismium cruciforme 98
Lepismium houlletianum 99
Lepismium monacanthum 100
Lophophora williamsii 101
Melocactus matanzanus 111
Ortegocactus macdougallii 130
Pilosocereus pachycladus 137
Pseudorhipsalis amazonica 139
Rhipsalis baccifera 145
Rhipsalis mesembryanthemoides 146
Rhipsalis paradoxa 147
Rhipsalis puniceodiscus 148
Schlumbergera-Hybriden 149
Uebelmannia pectinifera 158

ANDERE SUKKULENTEN

Adenium obesum 161
Aloe dichotoma 171
Bowiea volubilis 176
Brighamia insignis 177
Ceropegia ampliata 178
Ceropegia woodii 179
Conophytum bilobum 180
Cynanchum marnierianum 187
Euphorbia aeruginosa 191
Euphorbia globosa 192
Euphorbia gottlebei 193
Euphorbia × lomi 196
Faucaria tigrina 199
Fenestraria rhopalophylla 200
Fouquieria columnaris 202
Frithia pulchra 203
Haworthia attenuata 205
Haworthia springbokvlacensis 206
Haworthia truncata 207
Hoodia gordonii 208
Hoya kerrii 209
Jatropha podagrica 210
Larryleachia cactiformis 212
Pachypodium cactipes 216
Pachypodium lamerei 217
Pachypodium saundersii 218
Pachypodium windsorii 219
Pleiospilos nelii 220
Plumeria rubra 221
Stapelia getliffei 228
Stapelia grandiflora 229

KÜHLE, TROCKENE WINTERRUHE

KAKTEEN

ANDERE SUKKULENTEN

WARME ODER KALTE ÜBERWINTERUNG MÖGLICH

KAKTEEN

ANDERE SUKKULENTEN

WINTERHARTE PFLANZEN FÜR DEN GARTEN

KAKTEEN

ANDERE SUKKULENTEN

Pflanzenregister

Die **fett** gesetzten Seitenzahlen weisen auf Abbildungen hin.

Adressen

Kakteen-/Sukkulenten-gärtnereien

Kakteen-Haage
Blumenstraße 68
99092 Erfurt
www.kakteen-haage.de
(Versand, Samen, Zubehör)

Kakteen Koehres
Postfach 1217
64387 Erzhausen
www.koehres-kaktus.de
(Samen)

Kakteen Piltz
Monschauer Landstraße 162
52355 Düren
www.kakteen-piltz.de
(Versand)

Kakteengärtnerei Albert Plapp
Drosselweg 7–9
84178 Jesendorf
www.kakteen-plapp.de
(Versand)

Georg Schwarz
Kakteen- und Pflanzenzubehör
An der Bergleite 5
90455 Nürnberg
www.kakteen-schwarz.de
(Zubehör)

Exotica Ernst Specks
Wiesengrund 39
41812 Erkelenz
www.specks-exotica.de
(Versand)

Uhlig Kakteen
Hegnacher Str. 31
Rommelshausen
71394 Kernen
www.uhlig-kakteen.de
(Versand, Samen, Zubehör)

Kakteengärtnerei
Andreas Wessner
Postfach 1110
76457 Muggensturm
www.wessner-kakteen.de
(Versand)

Verein

Deutsche Kakteen-Gesellschaft e. V.
Oos-Straße 18
75179 Pforzheim
www.deutschekakteen-gesellschaft.de
(gibt eine Fachzeitschrift heraus)

Internetportal

www.cactus-mall.com

Weiterführende Literatur

Das große Kakteen-Lexikon
Edward F. Anderson,
Ulmer-Verlag, Stuttgart

Kakteen & andere Sukkulenten
Matthias Uhlig, Gräfe und Unzer Verlag, München

Krammer, Peter
FH-GURU : Die erfolgreiche FH-Bewerbung /
Krammer Peter
- 4. unwes. veränd. Aufl.
- Wien, 2005
ISBN 3-9501683-0-3

Printed in Austria